JN039028

ひたすら楽して
音響信号解析

― MATLABで学ぶ基礎理論と実装 ―

博士（工学） 森勢 将雅 【著】

コロナ社

ま え が き

　何十年も前から，偉大なる信号処理研究者たちの手によって，数多の書籍が出版されてきた。Web で検索すれば，信号解析や関連トピックを扱う膨大な数の書籍や Web の解説記事が生まれており，どの本が学びやすいか探すだけでも大変であろう。信号処理の書籍は，入門書，おもに洋書で出版される分厚い専門書，その他諸々に分けられる。本書は，「自分で読みたい教科書を作る」という筆者の情熱を出発点に，信号解析の基礎をひたすら楽して習得することを目指して工夫を凝らしている。

　フーリエ変換を回避して高速フーリエ変換（FFT：fast Fourier transform）によるスペクトル解析を習得せよ，という目標は無謀に映るかもしれない。信号解析を習得するために必要な知識は多いため，解析したい信号があるにもかかわらず延々と基礎勉強を続けることは，苦行に感じることだろう。本書は，このような基礎勉強が苦行という懸念を覆し，プログラムにより実践的な内容に絞って習得することを目指している。逆に考えて，先人たちが実装したプログラムを利用すれば信号解析をするだけなら可能である，と割り切って執筆したことが特色である。

　本書は，筆者の専門分野である 1 次元の音響信号解析に特化し，数式をプログラムで実装することに比重を置いた構成を採用した。これは，教科書に記載された数式をどのようにプログラムに落とし込めばよいのかわからずに躓く学生がこれまで多かった，という筆者自身の経験に基づく。数式と同じ結果が得られるよう理論を厳密に実装することは，アルゴリズムによっては容易ではない。そのため，例となるプログラムを数式に合わせて掲載することで，数式とプログラムの対応付けができることを目指している。信号解析の基礎を扱うという都合上，大学学部 2, 3 年生の講義で用いる教科書を想定している。

　ひたすら楽するというコンセプトから，本書はオーソドックスなディジタル信号処理の教科書とは異なる道筋で説明を展開することもある。例えば，前述の高速フーリエ変換を習得するためには，背景にある理論として学ぶべきことが多数存在する。おそらく多くの教科書では，フーリエ級数展開を出発点に複素フーリエ級数展開へ進み，そこからフーリエ変換の解説に進む。その後，離散フーリエ変換（DFT：discrete Fourier transform）を解説してからようやく高速フーリエ変換の説明に至る。場合によっては，アナログ信号処理に関する基礎やラプラス変換，z 変換が入るかもしれない。一方本書は，例えば「高速フーリエ変換によるスペクトル解析」を初めにゴールとして定める。ゴールに必要な理論に限定して一切の無駄を省いた説明によりただひたすら楽をする，そんな教科書を意識した。楽をするため一般的な書籍に存在する章末問題すら省き，プログラムの書き写しにより基礎的な信号解析を習得できる構成にした。

　もう 1 点の特色は，本書で扱うプログラミング言語に MATLAB を採用していることである。本書を執筆している 2020 年であれば，信号解析を学ぶための筆頭候補に挙がるプログラミング言語は Python であろう。Python は deep learning 分野でシェアを伸ばしているプログラミング言語で，信号解析に関するライブラリも豊富にリリースされている。MATLAB を選んだ理由は筆者の好みであるが，別の理由として，やはり楽をするための完成度の高さが挙げられる。MATLAB はフリーソフトではないが，FreeMat や Octave などの MATLAB クローンがフリーで利用できる。本書に記載した例題は，MATLAB 以外では実装されていない関数や乱数を用いる場合を除き，MATLAB (2020a) と FreeMat (v4.2) でほぼ同じ出力が得られることを確認している。信号解析の入門に用いる言語として，たぶん MATLAB が一番楽だと思います。

　最後に，本書を執筆する機会を与えてくださった皆様に深謝します。また，相変わらず年中自由気ままな時間に執筆することを許してくれた妻に感謝します。

　2020 年 12 月

森勢　将雅

目　　　次

1. 基　礎　知　識

2. 時間領域での信号解析

3. 離散フーリエ変換の考え方

4. 高速フーリエ変換によるスペクトル解析

5. 窓　関　数

6. ディジタルフィルタ

7. 信号の種類に応じた解析法

1. 基礎知識

　本書では，数式とプログラムを多数掲載する。プログラムは MATLAB で動作するものであり，例えば以下のように記載する。

```
>> x=1;
```

ここで，>>の後に記載されているプログラムは，読者がコマンドウィンドウに打ち込むことを想定している。本書を読み進めるにあたり，数式を解きながら併せて記載されたプログラムも順次実行することで，数式とプログラムとを対応付けて学べるように工夫した。基本的に各プログラムは単独で動作するようにしているが，記述を短縮するため一部関数化することもある。本書では，MATLAB に関する最低限の知識は備わっていることを前提にしているため，細かい仕様について解説はしない。また，いわゆる MATLAB 的な記載により短いプログラムで高速に動作させることも可能であるが，可読性と数式との対応を意識した実装を優先する。各セクションのタイトルから想像できる内容を理解できていると感じ，MATLAB の知識も十分にある読者は，楽をするため 1 章をスキップしても問題ない。

1.1　離散信号と波形の表示

　現実世界に存在する音は**連続信号**（analog signal）であり，**離散信号**（digital signal）に変換後，計算機に取り込まれる。この操作を **A-D 変換**（Analog-to-Digital conversion や A-D conversion とも）と呼び，A と D は連続信号と離散信号の英語表記に由来する。A-D 変換の結果，計算機上では単なる数字の羅列として音を記録していることになる。例えば，記録された数値が，先頭から順に「1, 3, −5, 2」であったとしよう。これを MATLAB の配列に格納する場

合のプログラムは以下となる。

```
>> x=[1,3,-5,2];
```

ここで，各数字は計算機に記録された音響信号の振幅に相当する。末尾にセミ
コロンを付けているが，MATLAB ではセミコロンを外してもエラーとはなら
ない。セミコロンを外した場合は，計算結果がコマンドウィンドウに表示され
る。おもにデバッグにおいて，計算結果を逐次確認する際に役立つ仕様である。

　現実世界の時刻とプログラム上で格納する配列の添え字については注意が必
要なため，本書のコンセプトである数式とプログラムを対応付ける観点からも
う少し説明を加える。上述の例で，先頭の振幅 1 を記録した時間を考えること
にする。「何月何日の何時何分何秒 ⋯」という時刻に記録したことは事実だと
しても，計算機上でファイル保存する際に，すべての振幅にこのような時刻を
記録することはまずない。多くの場合，絶対的な時刻を持たず振幅値のみが順
番に保存されることになり，先頭の振幅を原点（0 秒）における値として扱う。
このイメージは，**図 1.1** のようになる。

図 1.1　現実世界の時刻と計算機上の時刻との対応付け

　今回の例では，振幅値 1 を記録した時刻が原点である。C 言語などのプログ
ラミング言語では，配列の先頭は x[0] であり 0 番目としてアクセスする。一
方，MATLAB における配列は先頭が 1 番目であるため，x(1) としてアクセス
する必要がある。MATLAB を使う際には，この差がバグの原因にもなるので
特に注意が必要である。なお本書では，上記のように，数式として扱う変数と
プログラムとでは異なるフォントで記載する。

　図 1.1 で示したように，A-D 変換では，振幅の記録を特定の時間間隔 T ごと
に実施している。この時間間隔のことを**標本化周期**（sampling period）と呼

ぶ。この逆数，つまり 1 秒当たりの振幅値の数に相当する値が**標本化周波数**（sampling frequency でサンプリング周波数ともいう）である。振幅を 10 ms ごとに記録している場合，標本化周期は 10 ms，標本化周波数は 100 Hz となる。

波形を表示する際は，横軸の単位を秒などの時間にすることが望ましい。MAT-LAB で波形を表示する代表的な方法は **plot** 関数であり

```
>> plot(x);
```

と記載する。plot 関数では，引数が一つの場合，横軸を 1 から 4 サンプルと見なした数字で表示する。以下のプログラムでは，標本化周波数を 10 Hz に設定し，横軸を秒を単位とした時間軸として波形を表示する。

```
>> fs=10;
>> t=(0:3)/fs;
>> plot(t,x);
```

fs は標本化周波数に対応し，また，この変数名は慣習的に標本化周波数を記述するために用いられる。t は n 番目の振幅が何秒の値であるかを記録する配列である。この例では，振幅の先頭を原点として扱っており，先頭の振幅から時刻 0, 0.1, 0.2, 0.3 秒に対応する。**図 1.2** は，横軸をサンプルにした場合と，秒にした場合との表示の比較である。今回のプログラムでは省略しているが，横軸

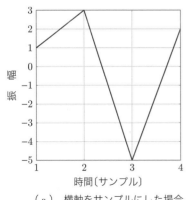
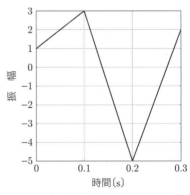

（ a ） 横軸をサンプルにした場合 （ b ） 横軸を秒にした場合

図 1.2 横軸の単位をサンプルと秒にして表示した
4 サンプルの振幅

と縦軸のラベルは，それぞれ **xlabel 関数**と **ylabel 関数**により表示している。

　余談であるが，MATLAB でプロットした図のフォントのデフォルトの大き
さは，2 カラムの論文に掲載することを想定すると小さい。フォントサイズは
毎回修正することもできるが，MATLAB 起動時に自動的に実行されるスクリ
プトである **startup.m** を活用すれば，デフォルトのフォントサイズを変更で
きる。具体的には，MATLAB 起動時に

```
>> edit startup.m
```

とコマンドを打ち，エディタで

```
set(0,'DefaultAxesFontSize',14);
set(0,'DefaultTextFontSize',14);
```

と打ち込んで保存する。コマンドウィンドウに入力しないため，**>>** は付してい
ない。その後，MATLAB を再起動すれば，図のフォントサイズがつねに 14 で
表示される。この処理は，1 回行えば以後恒久的に利用できる。MATLAB 起
動時のフォルダを変更した場合は，同様の処理を再度行えばよい。

　波形を表示する際には，横軸は時間（秒やミリ秒），縦軸は振幅にすることが
推奨される。振幅は，A-D 変換時のマイクボリュームによって同じ大きさの音
でも離散信号としては異なる値になるため，単位を記載しない。具体的には

```
>> xlabel('Time (s)');
>> ylabel('Amplitude');
```

とする。英語で記載する際，単語と括弧や単位との間に半角スペースを空ける
必要があることに注意しよう。本書では図のキャプションを日本語にしている
が，論文に記載することを意識してここでは英語で記載している。

　最後に，本書における数式の表現方法について記載する。A-D 変換前の信号
は $x(t)$ とし，A-D 変換後の信号は $x[n]$ と表すことにする。この二つの信号は

$$x[n] = x(nT) \tag{1.1}$$

という関係で結びつく。角括弧は，括弧の中身が整数の場合に使うことで離散

信号であることを明確に示す。また，離散信号の表現では，一部，数列を表現する際に用いる表記として x_n を用いることがある。この使い分けはほかの教科書等との整合性を意識しており，本書において数学的な意味での差はない。

1.2　ベクトルと内積

　ある MATLAB の変数が N サンプルの振幅の時系列を持つ場合，N 次元のベクトル（vector）であると表現する。MATLAB では行列演算を簡単にできるよう，配列では**横ベクトル**（row vector）と**縦ベクトル**（column vector）を区別する。例えば，以下のプログラムにおいて，x は横ベクトル，y は縦ベクトルとして格納される。

```
>> x=[1,3,-5,2];
>> y=[1;3;-5;2];
```

二つのベクトルの次元数が同じであれば，つぎの式により**内積**（inner product）が計算できる。プログラムと数式ではフォントが変わっているが，同じアルファベットであるものはプログラムと数式が対応する。

$$\vec{x} \cdot \vec{y} = \sum_{n=0}^{N-1} x[n]y[n] \tag{1.2}$$

ここで，$\vec{x} = (x[0], x[1], x[2], \cdots, x[N-1])$ とし，$\vec{y}$ も同様に N 次元のベクトルとする。この数式では行列の縦横は区別せず，$x[n]$ はベクトルの n 番目の要素を参照している。$\vec{x}$ の記載は教科書により異なることもあるが，本書では上記の書き方を用いる。また，内積は以下の式で定義されることもある。

$$\vec{x} \cdot \vec{y} = |\vec{x}| \, |\vec{y}| \cos \theta \tag{1.3}$$

表記の差はあれど意味するところは同じであるため，見かけの記述に惑わされずに理解してほしい。

　内積を MATLAB で計算する場合，いくつかの選択肢がある。一番直接的な方法は，for 文を使い総和記号をそのまま実装するやり方であろう。ここでは，

もう少し楽に記述するため工夫を提供する。MATLABでは，二つの配列の要素単位の乗算を求める「.*」演算子と，配列に含まれる要素の総和を求める**sum関数**が提供されている。これらを組み合わせると，以下のプログラムにより内積を求められる。計算結果は39である。

```
>> x=[1,3,-5,2];
>> y=[1,3,-5,2];
>> inner_product=sum(x.*y);
```

.*演算子は，二つのベクトルの縦横を区別するので利用前に配列のサイズを揃えておく必要がある。**size関数**で配列のサイズを計算できるので，エラーが出た際には size(x) を用いて縦横の要素数に問題がないか確認しよう。

　もう一つは，MATLABが行列演算をカバーしていることに注目した，さらに簡単に記述する方法である。こちらでは，転置行列を求める演算子「'」を使い以下のプログラムで記述できる。

```
>> inner_product=x*y';
```

転置（transpose）とは，n 行 m 列の行列に対し i 行 j 列の要素と j 行 i 列の要素を入れ替え，m 行 n 列となる転置行列を求める操作である。MATLABでは，複素数行列の場合は複素共役転置となるが，実数の行列であればただの転置となる。この表記による内積計算はMATLAB的であるが，慣れないと可読性が下がることもあるため，本書では可読性を意識した記述を優先する。

1.3　正　　弦　　波

　三角関数（trigonometric function）は，音の信号解析において重要な役割を担う。特に**正弦**と**余弦**である sin と cos はさまざまな理論に頻出する重要な関数である。音としても，単一の周波数のみで構成された正弦波には**純音**（pure tone）という特別な名前が付けられている。純音は，信号解析の例題としても有用な信号である。なお，本書では sin 波と cos 波を陽に区別する必要がない場合は，共通の用語として**正弦波**（sine wave や sinusoid）を用いる。これは，

両信号は $\cos(t) = \sin(t + \pi/2)$ の関係があり，どちらももう一方の関数で表現できるためである。

　MATLAB により正弦波を生成する例題から出発しよう。連続信号の sin 波は，以下の式により与えられる。

$$x(t) = \sin(2\pi f t) \tag{1.4}$$

t は連続的な時間であり，sin 波の周波数を f で表している。この信号を 1 秒間，離散信号として実装するプログラムは以下である。

```
>> fs=44100;
>> t=(0:fs-1)/fs;
>> f=1;
>> x=sin(2*pi*f*t);
```

標本化周波数 fs を 44 100 Hz にしているが，これは音楽 CD で用いられている数字である。時間軸である t は，0 秒から 1/fs 秒間隔で 44 100 サンプル分，すなわち 1 秒分の値を格納した配列となる。MATLAB の **sin** 関数の入力引数は，**ラジアン**（radian）で与える必要がある。すなわち，度数法表記での $0°$ から $360°$ が，それぞれ 0 から 2π〔rad〕に対応する。今回は正弦波の周波数 f が 1 であるため，1 秒間の間に 0 から 2π〔rad〕まで変化するように引数を与えている。

　生成した信号の波形は以下で表示できる。

```
>> plot(t,x);
```

聴覚的に音を確認したい場合は **sound** 関数が有効である。sound 関数では，再生対象となる信号と標本化周波数を引数として与える。

```
>> sound(x,fs);
```

人間の聴覚が音として知覚できる周波数の範囲，およびスピーカで再生できる音の範囲にも限界があるため，1 Hz の正弦波を再生したところでなにも聞こえない。f=1000; として前述のプログラムを実行してから sound 関数で再生すれば，知覚できる音が聞こえる。なお，FreeMat を使う場合は，同じ引数である

が異なる名称である wavplay 関数を用いる。

sound 関数は，入力信号の振幅が -1 から 1 の範囲にあるという前提で再生するため，x がその範囲を超える振幅を有する場合には適切な再生がなされない。この場合，信号全体に適切な係数を乗じてすべての振幅が -1 から 1 の範囲に含まれるよう調整するか，**soundsc 関数**を用いて再生する。soundsc 関数は，振幅の絶対値の最大が 1 となるよう入力信号の振幅を正規化してから再生する関数である。どのような信号を入力しても振幅範囲の問題は生じない利点がある一方，再生する音の振幅を調整できず，ほぼ無音から構成される音の再生では雑音が拡大されて再生されることになる。

1.4 複　素　数

信号解析では，**複素数**（complex number）の存在も重要である。プログラム上では，乱暴にいってしまえば 1 次元目を**実部**（real number），2 次元目を**虚部**（imaginary number）として連結した 2 次元ベクトルで複素数を表現している。この際に**図 1.3** に示す**複素平面**（complex plane）という 2 次元の空間があり，横軸が実部，縦軸に虚部があると考える。

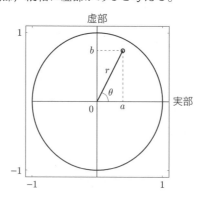

図 **1.3**　複素平面上の複素数

この図では，実部（横軸）が a，虚部（縦軸）が b という値で構成された 2 次元ベクトルと同様で，これを複素数で表現すると，$x = a + ib$ となる。i は

虚数単位（imaginary unit）と呼ばれており，教科書によっては j と記載することもあるが，本書では i で統一する。複素数は，実部と虚部という二つの値を持つためベクトル的ではあるが，特に複素数の積算・除算において差が生じる。二つの複素数を $x = a + ib$ と $y = c + id$ とした際の四則演算は以下となる。特に重要なのは，積の演算である。

$$x + y = (a + c) + i(b + d) \tag{1.5}$$

$$x - y = (a - c) + i(b - d) \tag{1.6}$$

$$x \times y = (ac - bd) + i(ad + bc) \tag{1.7}$$

$$x \div y = \frac{a + ib}{c + id} \tag{1.8}$$

高校数学では，虚数単位を単に $i^2 = -1$ という公式の暗記としているかもしれないが，i を実部が 0 で虚部が 1 の複素数であると解釈する。長さが 1 で角度が $90°$ の複素数を乗じていることは，図 1.3 に示す複素平面上でベクトルを $90°$ 回転させる効果がある。このように解釈すれば，実部のみが存在する数値に i を乗ずれば虚部のみの数値になり，i^2 が -1 であることも明らかである。図 **1.4** を見れば，$x = a + ib$ として x に i を乗ずることが回転に相当するとわかるだろう。虚数単位を乗ずることが複素平面上の回転に対応するという性質は，複素数が単純な 2 次元ベクトルとは異なる特徴を与えている。

MATLAB で複素数の例題を示すと以下のようになる。

```
>> x=3+4*1i;
>> r=abs(x);
>> theta=angle(x);
```

図 1.3 における r は **abs** 関数で，θ は **angle** 関数でそれぞれ計算可能である。MATLAB では複素数を表す記号として i, j, 1i, 1j を用意しており，これらはすべて同じ意味である。本書では，他変数との重複を避けるため 1i で記述することとする。複素数となる変数から実部を取り出したい場合は **real** 関数，虚部を取り出したい場合は **imag** 関数を利用する。

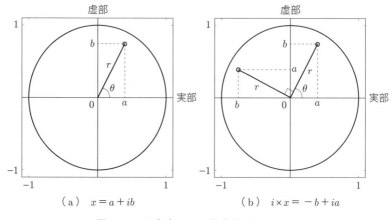

（a） $x = a + ib$ （b） $i \times x = -b + ia$

図 1.4 i を乗ずることが複素平面上における
90° 回転に対応する例

```
>> real(x)
>> imag(x)
```

MATLAB では，複素数を変数としてそのまま使うことが可能であり，real 関数のように複素数のための関数も多数存在している。つぎに示すオイラーの公式に関するプログラムも，特別な処理を用いることなく実装できることは大きな利点である。

1.5 オイラーの公式

オイラーの公式（Euler's formula）こそが，フーリエ変換による信号のスペクトル解析（spectral analysis）においてきわめて重要な公式となる。本書で示した正弦波や複素数の解説も，以下のオイラーの公式を説明するためにあるといっても過言ではない。

$$e^{i\theta} = \cos\theta + i\sin\theta \tag{1.9}$$

これは，$e^{i\theta}$ が複素平面における長さが 1，角度 θ の複素数と一致することを示している。MATLAB では，**exp 関数**が複素数の入力に対応しており，オイ

ラーの公式をそのまま計算することができる。例えば

```
>> exp(1i*pi/2)
>> exp(1i*pi)
>> exp(1i*2*pi)
```

を計算すると，それぞれ結果は i, -1, 1 になる。式 (1.10), (1.11) の関係はオイラーの公式から導くことができるが，信号解析の勉強において利用頻度が高いため，公式として併せて覚えておくと便利である。

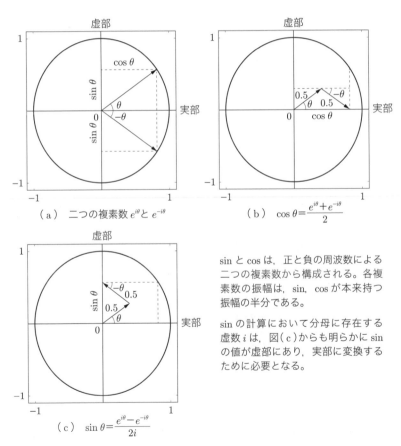

（a）二つの複素数 $e^{i\theta}$ と $e^{-i\theta}$

（b）$\cos\theta = \dfrac{e^{i\theta}+e^{-i\theta}}{2}$

（c）$\sin\theta = \dfrac{e^{i\theta}-e^{-i\theta}}{2i}$

sin と cos は，正と負の周波数による二つの複素数から構成される。各複素数の振幅は，sin, cos が本来持つ振幅の半分である。

sin の計算において分母に存在する虚数 i は，図(c)からも明らかに sin の値が虚部にあり，実部に変換するために必要となる。

図 **1.5** オイラーの公式による sin と cos の表現

$$\sin\theta = \frac{e^{i\theta} - e^{-i\theta}}{2i} \tag{1.10}$$

$$\cos\theta = \frac{e^{i\theta} + e^{-i\theta}}{2} \tag{1.11}$$

これらの式は，sin と cos は複素平面の単位円上にある二つの複素数により表される，ということを示している。二つの演算を複素平面上で可視化すると図 **1.5** となる。

　これらの式自体は，オイラーの公式を組み換えた結果に過ぎない。$e^{i\theta}$ に時間を導入して $e^{i\theta t}$ とした際，$e^{i\theta t}$ という複素数の時系列信号を一つの塊と解釈することが，スペクトル解析におけるさまざまな公式の理解を容易にする。ちょっとした差であるが，$e^{i\theta t}$ が $\sin\theta t$ と $\cos\theta t$ から構成されるという視点に加え，正弦波が正と負の周波数からなる二つの**複素正弦波**（complex sinusoid）により構成されるという視点を持つことが重要である。これは，現段階ではピンとこないかもしれないが，3 章まで読み進めた後に，この節だけでも再度読み直してほしい。

1.6　単位インパルス関数と畳み込み演算

　振幅値が格納された配列はプログラム上ただの数列であるが，A-D 変換されたという背景から時系列であることは想定できる。一方，それを適切に数式として表現するための考え方が別途必要になる。**単位インパルス関数**（unit impulse function）は，単なる数列を離散的な時間信号として解釈するための第一歩となる。連続信号の場合は**ディラックのデルタ関数**（Dirac delta function）として $\delta(t)$ を用いる。連続信号の単位インパルス関数は t が 0 でのみ値を有し

$$\int_{-\infty}^{\infty} \delta(t)dt = 1 \tag{1.12}$$

$$\int_{-\infty}^{\infty} f(t)\delta(t-\tau)dt = f(\tau) \tag{1.13}$$

という性質を有する。特に 2 番目の式は，連続信号の時刻 τ の振幅値を取り出す操作を意味する。離散信号の場合は以下の式で定義し，本書ではどちらも単

位インパルス関数と呼ぶ。

$$\delta[n] = \begin{cases} 1 & \text{if } n = 0 \\ 0 & \text{otherwise} \end{cases} \tag{1.14}$$

A-D 変換において，標本化周期が T，m サンプルにおける振幅が α だとした場合，その信号 $x[n]$ は単位インパルス関数を用いて $\alpha\delta(nT - mT)$ と表現することができる。

例題で示している 4 サンプルの振幅からなる配列

```
>> x=[1,3,-5,2];
```

を時系列と考える場合，以下で表現することになる。

$$x[n] = 1\delta(nT) + 3\delta(nT - T) - 5\delta(nT - 2T) + 2\delta(nT - 3T) \tag{1.15}$$

これを，任意のサンプル数の信号に拡張し，プログラムの変数と対応付けると以下の形になる。

$$x[n] = \sum_{m=-\infty}^{\infty} \text{x(m+1)}\delta(nT - mT) \tag{1.16}$$

x(m+1) については，MATLAB が配列の先頭を 1 番目とするからであり，配列の先頭が 0 番目となる C 言語では x[m] となる。このように，数式上の $x[n]$ とプログラムの配列としての x を結び付けることができる。重要なことは，$x[n]$ は時間遅延させて任意の重みを加えた単位インパルス関数の連なりであるという考え方である。

畳み込み (convolution) は，入力信号に対しさまざまな加工を可能にする演算であり，連続信号，離散信号のどちらにも存在する。音響信号が対象であれば，グラフィックイコライザーのように周波数帯域ごと（乱暴にいえば音の高さごと）に大きさを調整する機能や，エコーをかけたり響きを付与したりする機能は，畳み込みにより実現できる。連続信号を対象にしたものを**畳み込み積分** (convolution integral)，離散信号を対象にした場合は**畳み込み和** (convolution summation) と呼ぶ。どちらの場合においても演算の意味するところは変わら

ないため，本書ではどちらの場合においても単に畳み込みと表記する。入力信号 $x[n]$ になんらかの効果を与える信号 $h[n]$ を畳み込んだ結果を $y[n]$ とした場合の演算は，以下の式により与えられる。

$$y[n] = \sum_{m=-\infty}^{\infty} h[m]x[n-m] \tag{1.17}$$

この演算を省略して記載する記号としてアスタリスク「$*$」が用いられることも多い。この場合 $y[n] = h[n] * x[n]$ と表記し，これは上記の式と同じ意味を持つ。なお，畳み込みは交換律が成立するため $y[n] = h[n] * x[n] = x[n] * h[n]$ である。

　この数式がどのような演算になっているのかは，実例を見たほうが早い。

```
>> x=[1,3,-5,2];
>> h=[1,2,1];
>> y=conv(x,h); % y は [1,5,2,-5,-1,2] となる
```

conv 関数は，畳み込みを計算するための関数である。ここから，畳み込みの式を使って演算の動きを順番に観察する。

　畳み込みを表す数式のうち，$x[n-m]$ が $x[n]$ を m だけ遅延させた信号であることは，単位インパルス関数による信号の表現から予測できる。m が 0 のときの値は $h[0]x[n-0]$ であり，m が 1 のときの値は $h[1]x[n-1]$ である。同様に計算を進めると，今回の場合は

$$y[n] = h[0]x[n-0] + h[1]x[n-1] + h[2]x[n-2] \tag{1.18}$$

で表現される。つまり，すべての m に対して入力信号を m だけ遅延させ $h[m]$ を乗じ，各計算結果の総和を求める演算が畳み込みである。総和記号の範囲が無限大なのでわかりにくいが，$h[n]$ が 0 となる時刻の項はすべて 0 になるため，求めるべき m の範囲は $h[n]$ の長さ，つまり 0 から 2 までとなる。

　この結果を図示すると**図 1.6** となる。図 (a) と図 (b) が信号 $x[n]$ と $h[n]$ を表しており，図 (c) から図 (e) までが，$x[n]$ を遅延させて $h[n]$ により重み付けしている状況を表す。図 (c) から図 (e) までを各時刻について和を求めた結果

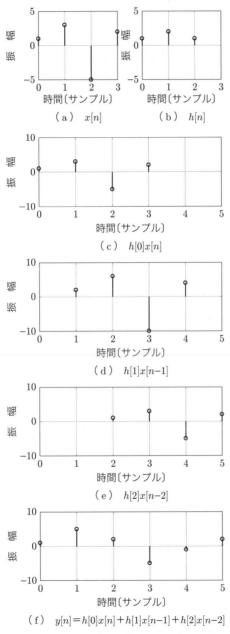

（a） $x[n]$ （b） $h[n]$

（c） $h[0]x[n]$

（d） $h[1]x[n-1]$

（e） $h[2]x[n-2]$

（f） $y[n]=h[0]x[n]+h[1]x[n-1]+h[2]x[n-2]$

図 **1.6** 畳み込み演算過程の可視化

が図 (f) であり，これが $y[n]$ である。もう一つの性質として，畳み込みを実施する信号の長さが N と M サンプルだった場合，畳み込まれた結果の信号長は $N+M-1$ サンプルとなる。時刻 m_1 未満，および時刻 m_2 より大きな時刻で振幅値が 0 である場合，信号長は m_2-m_1+1 サンプルと定義する。x の場合，0 未満と 3 より大きな時刻で振幅が 0 であるため，信号長は 4 サンプルである。

2. 時間領域での信号解析

　信号解析をする目的はさまざまであるが，例えば「二つの信号のどちらが大きいか」を解析したい場合，信号から大きさに相当する特徴量を取り出すための信号処理技術が必要になる。2章では，入力信号から比較的容易に取り出すことができる特徴量の算出方法を実例とともに学ぶ。信号から取り出せる特徴量の一部は，4章で説明する高速フーリエ変換により得られるスペクトルからも求めることが可能である。まずは，信号から得られる代表的な特徴量を説明し，信号と特徴量との対応付けができることを目指す。その後，4章でスペクトルを用いた別の算出方法を学ぶことにより，スペクトル解析のより深い理解へと繋げる。

2.1　離散信号を扱う上での注意点

　1章では連続信号と離散信号との差を簡単に説明したが，2章ではもう少し踏み込んだ説明を加える。連続信号で定義された理論の多くは離散信号でも利用可能であるが，連続・離散の対応付けを頭に入れておくことで理解が容易になる。

2.1.1　数式上の辻褄合わせ

　連続信号 $x(t)$ を A-D 変換して得られた結果を離散信号 $x[n]$ とする。標本化周期を T とし，1 Hz の正弦波を示すと，連続・離散信号はそれぞれ

$$x(t) = \sin(2\pi t) \tag{2.1}$$

$$x[n] = \sin(2\pi nT) \tag{2.2}$$

となる。ここで，0 秒から 0.5 秒までを対象とした信号の定積分を求めるプログラムを考える。真値となる連続信号の積分は，以下の式で与えられる。

$$S = \int_0^{0.5} x(t)dt \tag{2.3}$$

S を計算すると，$1/\pi \fallingdotseq 0.318$ であることが導かれる。

離散信号を対象として，この計算を順番に実装していく。標本化周波数を 44 100 Hz とすれば，0.5 秒分の正弦波は以下のプログラムで得られる。

```
>> fs=44100;
>> t=(0:fs/2-1)/fs;
>> x=sin(2*pi*t);
```

定積分による計算結果である S を，区分求積法で近似することを考えよう。単純に S=sum(x); を実装したとしても，区分求積法における底辺に相当する数字を無視しているため，結果は一致しない。区分求積法では区間の底辺を 0 に近づけるが，プログラムによる実装では，底辺を標本化周期として計算することとなる。標本化周期 T は標本化周波数 fs の逆数であることから

```
>> S=sum(x)/fs;
```

により近似的に S を求めることができる。このように $x[n]$ を階段状に振幅が変化する信号と仮定することで，積分の計算を総和で近似することが可能になる。信号長が N サンプルの場合，上記のプログラムは区分求積法で S を近似した以下の式と等価となる。

$$\begin{aligned}
S &= \sum_{n=0}^{N-1} Tx[n] \\
&= T \sum_{n=0}^{N-1} x[n]
\end{aligned} \tag{2.4}$$

厳密には，連続信号から求めた S とは一致しないが，イメージを伝えるために厳密さは省き等号としている。

これらのイメージを図示すると，**図 2.1** となる。図 (a) が連続信号 $x(t)$ であり，図 (b) が標本化周波数を 20 Hz にして生成した離散信号 $x[n]$ である。図

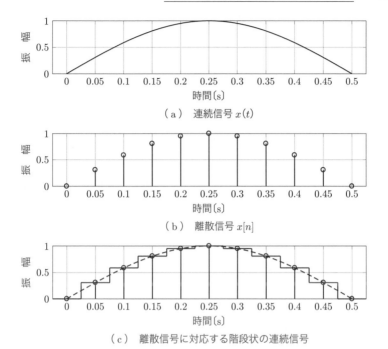

（a） 連続信号 $x(t)$

（b） 離散信号 $x[n]$

（c） 離散信号に対応する階段状の連続信号

図 **2.1** 連続信号と離散信号の差

(c) のように，離散信号が存在する時刻 n の前後 $\pm T/2$ の幅に振幅 $x[n]$ が存在していると考えることで，離散信号を底辺が標本化周期 T の幅を持つ階段状の連続信号と見なせる。

2.1.2　離散信号固有の性質

　離散信号を扱う際には，上記とは別に気を付けるべき性質がいくつか存在する。連続信号で考えれば当たり前の性質であるが，離散信号ではその当たり前が成立しないことがしばしば生じる。以下の性質を見過ごしてプログラムを実装すると予期せぬエラーに遭遇することもあるため，デバッグのための知識として覚えておくことを推奨する。

　まず紹介するのは，正弦波の周期の問題である。連続信号であれば，$\sin(t)$ の周期は 2π である。一方，$\sin[n]$ の周期は，周期信号である正弦波にもかかわら

ず，存在しないことになる。これは，離散信号の場合，$\sin[n]$ における n が整数でしか与えられないことに起因する。n が整数である以上，周期である 2π の倍数に到達することはない。計算機上で実装することを勘案して厳密にいえば，π を切り捨てて記録しているため周期と合致することもあるが，その周期は連続信号とはまったく異なることとなる。$\sin(n\pi/2)$ のように n の整数倍と正弦波の周期とが合致する場合のみ，離散信号の正弦波は周期的になる。

もう一つの特性も，高い周波数の正弦波が低い周波数の正弦波と一致するという，一見すると奇妙な性質である。特定の周波数 f を持つ正弦波を以下に定義する。

$$
\begin{aligned}
x[n] &= \sin(2\pi f n) \\
&= \sin(\omega n)
\end{aligned}
\tag{2.5}
$$

ここで，ω は**角周波数**（angular frequency）と呼び，$\omega = 2\pi f$ の関係がある。連続信号であれば，角周波数 ω が正弦波の周波数に対応するが，離散信号の場合はこの当たり前が成立しない。具体的に，角周波数 ω の正弦波に対し，角周波数 $\omega + 2\pi$ の正弦波を計算してみる。

$$
\begin{aligned}
x[n] &= \sin((\omega + 2\pi)n) \\
&= \sin(\omega n + 2\pi n) \\
&= \sin(\omega n)\cos(2\pi n) + \cos(\omega n)\sin(2\pi n) \\
&= \sin(\omega n)
\end{aligned}
\tag{2.6}
$$

n が整数である場合に限り $\cos(2\pi n)$ はつねに 1，$\sin(2\pi n)$ はつねに 0 となる。これが連続信号 $x(t)$ の場合，t は整数に限定されないので 3 行目から 4 行目への式変形は成立しない。実際にこれが成立するか検証してみよう。

```
>> n=0:20;
>> omega=0.1*2*pi;
>> x1=sin(omega*n);
>> x2=sin((omega+2*pi)*n);
```

ここで，角周波数 ω の変数名は omega としている。以下は，二つの正弦波を2段に分けて表示するプログラムである。

```
>> subplot(2,1,1);
>> plot(n,x1);
>> subplot(2,1,2);
>> plot(n,x2);
```

図 **2.2** が示すように，表示した結果，両波形はほぼ等しいことがわかる。この図の表示では，上記のプログラムに加え，**title 関数**を用いて図中に数式を表示し，**grid 関数**により座標軸のグリッドラインを表示している。両信号が完全に一致しているか調べる場合

```
>> plot(x1-x2);
```

で差を表示できる。実際に表示してみると完全な 0 にはならず，なんらかの波形が表示されるため面食らうかもしれない。誤差表示ではしばしば生じるが，MATLAB では縦軸の表示範囲を自動的に調整しているため，微小な差しかない

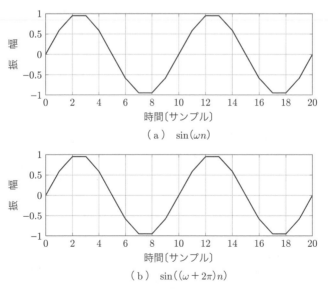

（a） $\sin(\omega n)$

（b） $\sin((\omega + 2\pi)n)$

図 **2.2** $\sin(\omega n)$ と $\sin((\omega + 2\pi)n)$ の比較

場合はその差が拡大されて表示される。図の縦軸の値を観測すると「×10^{-15}」や「e-14」のような値が表示されていることが確認できる。前者は明らかであるが，後者も 10^{-14} が元の数字に乗じられていることを意味する。元信号の振幅が −1 から 1 の範囲であることを考えると，微小な誤差である。縦軸の表示範囲を変えたい場合，**set 関数**を用いて

```
>> set(gca,'ylim',[-1 1]);
```

と実行すればよい。1 番目の引数である **gca** は，現在表示しているグラフに対応する。2 番目の引数は縦軸の表示範囲をセットするという意味であり，3 番目の引数は下限と上限からなる 2 次元ベクトルである。set 関数は **ylim** 以外にもさまざまな情報をセットできるので，グラフを整形するために重宝する関数である。縦軸の表示範囲のみ変えたい場合は，**ylim 関数**により以下の形でも表記可能である。

```
>> ylim([-1 1]);
```

横軸の表示範囲であれば，**xlim 関数**で代用できる。

2.2　信号のパワー

　二つの信号があり，どちらが大きいかを調べたい場合，まず思いつく特徴量は信号のパワーであろう。信号長が N サンプルの離散信号 $x[n]$ のパワー P は以下の式で計算できる。

$$
\begin{aligned}
P &= \frac{T}{NT} \sum_{n=0}^{N-1} x^2[n] \\
&= \frac{1}{N} \sum_{n=0}^{N-1} x^2[n]
\end{aligned}
\tag{2.7}
$$

標本化周期 T の値を乗ずることで連続信号に対する定積分を近似できることは，2.1.1 項で説明している。二つの音響信号の比較を目的とした場合，単位にはデシベル（decibel，単位として用いる場合は dB とする）を用いることが一般的

である。二つの信号 $x_1[n]$, $x_2[n]$ の長さをそれぞれ N サンプル，M サンプル
とし，それぞれのパワーを P_1 と P_2 とした場合，dB を単位とするパワーの差
L_p は以下の式で与えられる。

$$L_p = 10\log_{10}\left(\frac{P_1}{P_2}\right) \tag{2.8}$$

分子分母の値にそれぞれパワーの計算式を代入すると

$$L_p = 10\log_{10}\left(\frac{\dfrac{1}{N}\displaystyle\sum_{n=0}^{N-1} x_1^2[n]}{\dfrac{1}{M}\displaystyle\sum_{n=0}^{M-1} x_2^2[n]}\right) \tag{2.9}$$

となる。もし 2 信号の信号長が等しい場合は，右辺にある総和記号手前の係数
も相殺されるため，以下に示すようにさらに簡略化できる。

$$L_p = 10\log_{10}\left(\sum_{n=0}^{N-1} x_1^2[n]\right) - 10\log_{10}\left(\sum_{n=0}^{N-1} x_2^2[n]\right) \tag{2.10}$$

この式は，両信号の信号長が等しい場合，二乗和さえ求めればパワーの違いが
計算できることを示す。

　音響信号の場合は，なんらかの原因で**直流成分**（あるいは DC（direct current）
オフセットとも）が含まれることもある。直流成分はさまざまな特徴量を計算
するにあたり誤差の要因となるため，事前に取り除くことが推奨される。信号
の平均値として直流成分を算出できるため，任意の信号 x の直流成分を除去す
るプログラムは以下となる。

```
>> x=x-mean(x);
```

mean 関数は，配列の全要素に対する平均を求める関数である。2 次元配列と
なっている場合は縦方向に平均を求めるため，上記のプログラムは 1 次元配列
であることが前提となる。

　一つ例題を用いて，2 信号のパワーの違いを求める流れを説明する。ここで
は，正弦波に代わる新たなテスト信号として**ホワイトノイズ**（white noise）を

用いる。ホワイトノイズそのものの厳密な特性は本書では重要ではないため，ここでは**正規乱数**（normal random number）を用いて生成した信号をホワイトノイズと定義する。厳密にはホワイトガウスノイズと呼ぶが，本書では単にホワイトノイズとして扱う。**randn 関数**は正規乱数を生成する関数であり，以下のプログラムにより 2 種類の信号を生成する。

```
>> N=1000;
>> x1=randn(N,1);
>> x2=randn(N,1);
```

randn 関数の引数は 1 番目が行，2 番目が列に対応し，上記の例では 1 000 行 1 列のホワイトノイズを生成している。これまではベクトルの方向を気にせず配列として信号を記述していたが，ここからは縦ベクトルで記述するようにする。これは，MATLAB で音ファイルを読み込んだ際，縦ベクトルとして読み込まれることに由来する。コロン記号を用いて生成した配列は横ベクトルになるため，以下では毎回転置し縦ベクトルにして用いる。時間軸である t は，plot 関数で用いるだけであれば横ベクトルでも問題はないが，x との演算に用いることを想定し縦ベクトルで定義する。

　話を元に戻し，パワーが異なる 2 種類のホワイトノイズに対してパワーの違いを算出してみよう。まずは，両信号から直流成分を除去する。この処理は，スペクトル解析を行う場合でも重要な意味があるため，解析前にはつねに入れておくことを推奨する。

```
>> x1=x1-mean(x1);
>> x2=x2-mean(x2);
```

その後，パワーの違いを dB を単位として以下のプログラムで計算する。信号長は揃えているので，sum 関数で二乗和を計算している。信号長が異なる場合は，mean 関数に置き換えれば計算可能である。

```
>> L_p=10*log10(sum(x1.^2)/sum(x2.^2));
```

本来であれば両信号のパワーは同じであるため，L_p は 0 dB となるはずである。しかしながら，実際には 0 には近いものの異なる数字が表示される。これ

は，生成された信号のパワーが乱数の種類により変化するためである。この変動量は信号長に比例して小さくなるため，信号長 N を 10 000，100 000 サンプルと増やしていくと，L_p が 0 dB に近づいていくことを確認できる。

　生成される乱数は一般的に毎回変わるため，同じプログラムを数回実行することで乱数に対する依存性を確認できる。乱数を利用するプログラムの性能評価では，多数回動作させて結果の平均や中央値を算出して検証することが望ましい。今回のプログラムについても異なる乱数で数度動かし，平均的にどの程度 0 からずれているか確認してみよう。もしプログラム実行時にまったく同じ乱数が必要な場合は，以下のプログラムを実行すれば乱数を固定できる。

```
>> rng(0);
```

この関数は，引数として 2^{32} より小さい非負の整数を要求する。FreeMat の場合は，乱数の状態をリセットする以下のプログラムで代用する。

```
>> randn('state',0);
```

　つぎに，信号長を揃えたまま，x1 に任意の係数を乗じて大きさを変化させた場合の流れを見る。振幅に a を乗じた場合

$$L_p = 10 \log_{10} \left(\sum_{n=0}^{N-1} (ax_1[n])^2 \right) - 10 \log_{10} \left(\sum_{n=0}^{N-1} x_2^2[n] \right)$$

$$= 10 \log_{10} \left(a^2 \sum_{n=0}^{N-1} x_1^2[n] \right) - 10 \log_{10} \left(\sum_{n=0}^{N-1} x_2^2[n] \right) \tag{2.11}$$

が得られる。ここから，右辺第 1 項が a と総和記号との積であることから対数の和に分解する。$x_1[n]$ と $x_2[n]$ のパワーは理論的には等しいため相殺され，最終的には以下が得られる。

$$L_p = 10 \log_{10} \left(a^2 \right) \tag{2.12}$$

a が 2 の場合は約 6 dB，10 の場合は 20 dB となる。これは振幅に乗じた場合であり，パワーに乗じた場合はそれぞれ半分の約 3 dB と 10 dB になる。上記の数値は頻出するため「振幅が倍で約 6 dB，10 倍で 20 dB の差」「パワーが倍

で約 3 dB，10 倍で 10 dB の差」と覚えておくと便利である。プログラムで検証する場合，前述の信号生成の x1 を

```
>> a=2;
>> x1=randn(N,1)*a;
```

のように，a に適当な数値を代入する形に修正してから L_p を計算してみよう。

これまでの例題からも明らかに，パワーの差を用いた信号解析において，標本化周期は必ずしも考慮する必要がない。収録音の切り出しも行うため，二つの信号長を事前に揃えることが可能となる場合もある。この場合は，離散信号のパワー計算を単純な二乗和で済ませても同一の結果が得られる。本書で解説したパワーの計算は，音響信号の解析における独特なものであり，他分野と対応しているわけではないことには注意する必要がある。

2.3　信号の平均時間と持続時間

信号の**平均時間**（英名は mean time だが energy centroid のほうが適切と思われる）と**持続時間**（duration）は，信号のパワーが時間軸上のどの時刻にどの程度集中して存在しているかを計測するための指標となる。ここでは，以下のプログラムを実行して 2 種類の信号を生成し，これらの解析を例に平均時間と持続時間がどのような振る舞いをするか調べてみよう。

```
>> fs=44100;
>> t=(0:fs-1)'/fs;
>> x1=zeros(fs,1);
>> x1(fs/2-500+1:fs/2+500+1)=1;
>> x2=zeros(fs,1);
>> x2(fs/4-1000+1:fs/4+1000+1)=1;
```

どちらの信号も，振幅が 0 である区間も含むと信号長は 44 100 サンプル（1 秒）であり，特定の時刻にのみ 1 の振幅が存在する。1 の振幅が存在するサンプル数は，x1 が 1 001 サンプル，x2 が 2 001 サンプルである。また，振幅が存在す

る時刻も異なっている。以下のプログラムで信号を表示すれば，これらの情報が視覚的に確認できる。

```
>> subplot(2,1,1);
>> plot(t,x1);
>> subplot(2,1,2);
>> plot(t,x2);
```

図 **2.3** は図として表示した結果である。x1 は 0.5 秒付近に信号のパワーが集中しており，x2 では，0.25 秒付近に同様の集中が観測できる。以下では，これらの信号を対象に平均時間と持続時間を計算する。

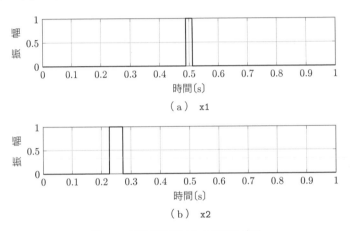

（a） x1

（b） x2

図 **2.3**　解析例に用いる 2 種類の波形

　プログラムでは，x1，x2 の添え字を +1 している。これは，実際の時間軸が 0 からスタートすることに対し，MATLAB の添え字が 1 番目から始まることへの対処である。簡単に，標本化周波数を 8 に設定した 1 秒分の例を図 **2.4** に示す。収録の時間的には 0 から 7 で 1 秒分となるが，MATLAB の配列では添え字を一つずらす調整が必要である。この調整をしていない場合，計算結果の誤差が拡大する問題が生じる。

図 **2.4** 信号の各サンプルに対応する時刻と
MATLAB の添え字との差

2.3.1 信号の平均時間

平均時間は，入力信号を二乗した時系列の重心となる時刻に対応する。今回の場合，x1 では 0.5 秒，x2 では 0.25 秒が重心のため，それらの値を得ることが目標となる。平均時間は連続信号を対象に定義された指標なので，まずは連続信号に対する数式の導入から始める。

計算前に，入力信号に対する制約を説明する。平均時間と持続時間を計算するにあたり，以下のように入力信号の**エネルギー**（energy）が 1 であることを前提とする。

$$\int_{-\infty}^{\infty} |x(t)|^2 dt = 1 \tag{2.13}$$

入力信号がつねにこの前提を満たすとは限らないため，計算の前処理としてエネルギーの正規化が必要である。入力信号 x1 のエネルギーを 1 に正規化した結果を **xx1** とすると，プログラムは以下となる。

```
>> energy=sum(x1.^2)/fs;
>> xx1=x1/sqrt(energy);
>> sum(xx1.^2)/fs
```

最後の行はセミコロンを外しているので，計算結果である **xx1** のエネルギーが 1 となっていることが確認できる。信号の平均時間は，以下の式により定義されている。

$$\langle t \rangle = \int_{-\infty}^{\infty} t|x(t)|^2 dt \tag{2.14}$$

これをプログラムで実装すると以下となる。

```
>> t_c=sum(t.*xx1.^2)/fs;
```

t_c の値を表示すると，0.5 となることが確認できる。小数点以下の桁がどこまで一致するか確認するためには，**fprintf 関数**が便利である。以下のように，.10 と指定することで，小数点以下 10 桁まで表示させることができる。

```
>> fprintf('%.10f\n',t_c);
```

今回の例では小数点以下 10 桁までは一致するが，20 桁まで表示すると完全には一致しない。これが，プログラムで計算する場合における精度の限界である。このように，計算機シミュレーションでは精度に限界があるため，信号の差による影響とシミュレーション上の限界を分離して議論する必要がある。

　同様の処理を x2 についても計算すると，0.25 という結果が得られる。今回は，積分と総和がほぼ一致する例題なので連続信号に対する結果と答えがほぼ一致するが，より複雑な信号で計算すると，真値と計算結果との誤差が相対的に拡大する。

2.3.2　信号の持続時間

　持続時間は，信号の時間的な散らばりに対応する指標である。x1 と x2 との比較では，x2 のほうが時間的にパワーが散らばっているように見える。この差を計測するための目安として，持続時間は有効な指標となりうる。目安と表現しているが，これは，例えば x1 では振幅を持つ時間幅が 1 001 サンプルあるから「持続時間は 1001/fs で約 22.7 ms である」となる指標ではないことにある。あくまでも，持続時間を計算すると x1 より x2 のほうが相対的に長いという関係が成立する指標として理解しよう。

　平均時間と同様に，持続時間も連続信号に対する定義から紹介する。

$$\sigma_t^2 = \int_{-\infty}^{\infty} (t - \langle t \rangle)^2 |x(t)|^2 dt \tag{2.15}$$

平均時間と持続時間の意味は，$x(t)$ に対し $\langle t \rangle \pm \sigma_t$ の範囲に信号が持つエネルギーの大半が含まれると解釈する。もちろん，二つの単位インパルス関数を異なる時間に配置するなどの例外は存在するため，上記は目安である。

　上記数式を x1 について求めるプログラムは，つぎのようになる。

```
>> energy=sum(x1.^2)/fs;
>> xx1=x1/sqrt(energy);
>> t_c=sum(t.*xx1.^2)/fs;
>> sigma_t=sum((t-t_c).^2.*xx1.^2)/fs;
```

計算結果を表示するプログラムは以下である。

```
>> fprintf('%.10f\n',sigma_t);
```

バージョンによっては後半の桁が一致しないかもしれないが，結果は
0.000 004 293 48 と表示されるはずである。

持続時間は，式変形により以下の形にすることもできる。

$$
\begin{aligned}
\sigma_t^2 &= \int_{-\infty}^{\infty} (t - \langle t \rangle)^2 |x(t)|^2 dt \\
&= \int_{-\infty}^{\infty} t^2 |x(t)|^2 - 2t\langle t \rangle |x(t)|^2 + \langle t \rangle^2 |x(t)|^2 dt \\
&= \int_{-\infty}^{\infty} t^2 |x(t)|^2 dt - 2\langle t \rangle \int_{-\infty}^{\infty} t|x(t)|^2 dt + \langle t \rangle^2 \int_{-\infty}^{\infty} |x(t)|^2 dt \\
&= \langle t^2 \rangle - 2\langle t \rangle^2 + \langle t \rangle^2 \\
&= \langle t^2 \rangle - \langle t \rangle^2
\end{aligned}
\tag{2.16}
$$

ここで $\langle t^2 \rangle$ は，二乗した時間軸で平均時間を計算した結果と解釈する。よって，
プログラムで実装すると以下となる。

```
>> t_c1=sum(t.*xx1.^2)/fs;
>> t_c2=sum(t.^2.*xx1.^2)/fs;
>> sigma_t=t_c2-t_c1^2;
```

こちらも同様に表示すると小数点以下 15 桁程度までは一致するため，式変形が
正しいことを確認できる。

つぎは，真値とどこまで一致するかを検算してみよう。x1 について計算する
場合，振幅が存在する時間のみ残すよう積分範囲を修正する。

$$
\sigma_t^2 = \int_{-\infty}^{\infty} (t - \langle t \rangle)^2 |x(t)|^2 dt
$$

$$= \int_{-500.5/f_s}^{500.5/f_s} t^2 |x(t + \langle t \rangle)|^2 dt \tag{2.17}$$

f_s は標本化周波数に対応する。置換積分で $t - \langle t \rangle$ をまとめて t としていることに加え，最大の注意点は，正負各方向について 500.5 と 0.5 サンプルだけ幅を広げていることである。これは，図 2.1 に示したように，離散信号の総和を計算する際には標本化周期 T の幅を考慮していることが原因である。

　計算するにあたり，$|x(t)|^2$ における 0 以外の値を持つ時刻の振幅値を算出することが必要となる。これは，信号のエネルギーが sqrt(energy) で補正されているところから 1/energy の二乗である fs/sum(x1.^2) となる。この値を α として数式を展開すると以下が得られる。

$$\begin{aligned}
\sigma_t^2 &= \int_{-500.5/f_s}^{500.5/f_s} t^2 |x(t + \langle t \rangle)|^2 dt \\
&= \alpha \int_{-500.5/f_s}^{500.5/f_s} t^2 dt \\
&= \frac{\alpha}{3} \left[t^3 \right]_{-500.5/f_s}^{500.5/f_s} \\
&= \frac{\alpha}{3} \left(2 \times \left(\frac{500.5}{f_s} \right)^3 \right)
\end{aligned} \tag{2.18}$$

この数式をプログラムで打ち込み，結果を確認してみよう。

```
>> fprintf('%.10f\n',fs/sum(x1.^2)/3*(2*(500.5/fs)^3));
```

結果は，小数点以下 10 桁程度まで一致する。2 種類の持続時間の実装での差は 15 桁程度まで一致するが，真値と一致するのは 10 桁程度であることが確認できる。

　このように，連続信号で定義された数式をプログラムとして実装する場合，細かいところまで調整しないと値が一致しないという落とし穴にはまることがある。特に持続時間の例については，500.5 が 500 の場合でも小数点以下 7 桁程度までは一致するので見過ごされがちである。本書で示しているのは比較的検算が容易な例なのでデバッグもしやすいが，複雑な理論になるにつれて，結果をどこまで一致させるべきかという問題に頭を悩ませることになる。計算機

で離散信号に対して計算する場合での限界であるのか，プログラムのバグであるのかの見極めは容易ではない。信号間の持続時間で明確な差が確認できれば十分であるという立場であれば，今回程度の計算誤差を許容することも可能である。一方，実装の際には可能な限り精密に算出することが重要であると，筆者は考えている。

2.4　信号の簡単な雑音除去

　信号解析では，収録された音に解析すべき対象以外の不要な雑音が含まれるほうが自然であり，雑音の存在をまったく想定しないほうが不自然であろう。雑音の存在はさまざまな特徴量を計算する際に誤差を与えるため，事前に雑音の性質がわかっているのであれば取り除くことが望ましい。雑音の量をある程度であっても抑制できれば，計算精度の向上に繋がる。ここでは，雑音の中でも性質がわかりやすいものを対象に，比較的容易に実現できる方法を紹介する。雑音抑制以外にさまざまな効果をもたらす処理については，6章で解説する。

2.4.1　SN 比に基づく信号・雑音の振幅調整

　例えば，解析すべき対象が正弦波であり，ホワイトノイズが雑音として重畳されている状況を考える。このような計算機シミュレーションを行う際には，解析すべき対象となる正弦波とホワイトノイズとのパワーをどのような比率で重畳するか，厳密に決められることが望ましい。その際の指標として **SN 比**（信号対雑音比）が役立つ。S は信号（signal），N は雑音（noise）であり，英名はsignal-to-noise ratio であることから，SNR と記載することもある。以下のプログラムは，1秒分の信号（正弦波）と雑音をそれぞれ signal，noise とし，パワーの調整はせずに生成している。

```
>> fs=100;
>> t=(0:fs-1)'/fs;
>> f=1;
```

```
>> signal=sin(2*pi*f*t);
>> noise=randn(fs,1);
```

両信号の信号長は揃えているため，デシベル単位に変換したパワーを計算し出力すると

```
>> 10*log10(sum(signal.^2))
>> 10*log10(sum(noise.^2))
```

となり，それぞれの結果が異なることを確認できる。ここで，正弦波は雑音よりも 6 dB 大きい，という条件を満たすように雑音の振幅を調整してみよう。その場合のプログラムは以下となる。

```
>> snr=6;
>> noise=noise/sqrt(sum(noise.^2));
>> noise=noise*sqrt(sum(signal.^2));
>> noise=noise*10^(-snr/20);
```

2 行目の sqrt(sum(noise.^2)) による除算が，エネルギーの正規化に対応する。3 行目で行う sqrt(sum(signal.^2)) の乗算により，両信号のパワー（信号長を揃えて生成した以上，エネルギーでも同一である）が揃う。snr が SN 比に対応する変数であり，振幅に乗ずる係数への変換は，パワー P からデシベル単位の値 L_p に変換する式から導ける。

$$L_p = 10 \log_{10} P \tag{2.19}$$

$$\frac{L_p}{10} = \log_{10} P \tag{2.20}$$

$$P = 10^{L_p/10} \tag{2.21}$$

上記はパワーと対応する係数なので，振幅に乗ずる係数にするためには両辺を 1/2 乗する。その結果得られた $10^{L_p/20}$ が，振幅に乗ずるべき係数となる。信号の振幅に $10^{L_p/20}$ を乗ずることで，信号のパワーを L_p〔dB〕変化させることができる。事前に signal と noise のパワーは揃えているので，10^(snr/20) を乗ずることで信号と雑音と SN 比を制御できる。今回の場合，SN 比が 6 dB とい

うことは正弦波に対し雑音を6dB小さくする必要があるため，10^(-snr/20)
と負号を付けることで対応している。

```
>> 10*log10(sum(signal.^2)/sum(noise.^2))
```

で振幅調整後のSN比を表示すると，snrと一致していることが確認できる。正
弦波と雑音とが重畳された信号xは

```
>> x=signal+noise;
```

で求められる。

2.4.2　移動平均フィルタ

　雑音が重畳された正弦波から雑音を完全に取り除くことは実質的に不可能で
あり，現実的には雑音の影響を可能な限り0に近づけるための信号処理を検討
することになる。**移動平均フィルタ**（moving average filter）は，音響信号以
外にも画像でも用いられる雑音の影響を抑制する代表的な方法である。画像処
理では画像をぼかす**平滑化**（smoothing）と呼ばれる演算に相当する。

　前後Mサンプルまでの区間で平滑化する移動平均フィルタは，以下のプログ
ラムで与えられる。

```
>> y=zeros(length(x),1);
>> M=5;
>> for i=M+1:length(y)-M
>>   y(i)=mean(x(i-M:i+M));
>> end
```

nサンプルの値の計算には最小でx(n-M)，最大でx(n+M)サンプルまでの振幅
が必要になるため，信号が存在しない区間の振幅を計算しないようfor文の条
件を調整している。ほかにも，信号が存在しない区間の振幅を0として計算す
る方法もある。リアルタイム処理を考えた場合，現在より未来，つまりnより
大きいサンプルの値を使うことができないため，このような場合は正負両方向
ではなくn以下のサンプルの値でのみ計算する。この場合，処理後の信号の平
均時間がずれることになる。また，今回は平均を求めている操作であり，これ

は，対象となる全サンプルに 1/(2*M+1) という均一な重みを乗じた振幅の総和であると解釈できる。各サンプルの重みを自由に設定することは可能であり，この振幅の調整により，入力信号に平滑化以外にもさまざまな効果を与えられる。この具体的な特徴や設計法については，6 章で説明する。

　図 2.5 は，波形として表示した結果である。図 (a) が取り出すべき正弦波，図 (b) の実線が雑音が SN 比 6 dB で重畳された信号であり，図 (c) が移動平均フィルタにより処理された信号を示す。図 (b) と図 (c) には，破線で図 (a) の正弦波を重ねてプロットしている。平滑化により雑音の影響が抑制できていることが確認できる一方，平均を計算できなかった信号の開始地点と終了地点の振幅は 0 になっている。平滑化はホワイトノイズのような信号の抑制には利用できるが，例えばさらに低い周波数の正弦波が雑音として存在する場合には適さない。雑音の特性を解析し，適切な処理を作り出すための工夫が必要であり，

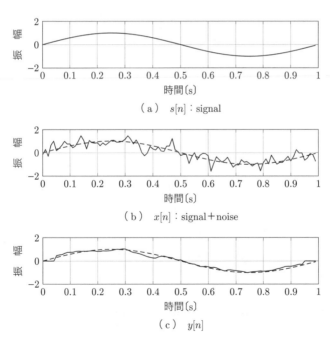

（a）　$s[n]$：signal

（b）　$x[n]$：signal＋noise

（c）　$y[n]$

図 2.5　雑音が重畳された信号から雑音を抑制する
移動平均フィルタの例

そのための一つの手段がディジタルフィルタである。

2.4.3 メディアンフィルタ

性質が異なる雑音の抑制に役立つ平滑化の例として，メディアンフィルタ（median filter）を紹介する。ホワイトノイズのように細かい振動がつねに生じるような雑音では，移動平均フィルタは有効であった。一方，パルスが雑音として不定期に混入するような場合，移動平均フィルタでは十分な効果が得られない。メディアンフィルタは，パルス状の雑音を抑制するために効果的なフィルタである。

プログラムは，移動平均フィルタにおける mean 関数を **median 関数**に置き換えるだけである。

```
>> y=zeros(length(x),1);
>> M=5;
>> for i=M+1:length(y)-M
>>    y(i)=median(x(i-M:i+M));
>> end
```

median 関数は，入力された配列の中央値を計算する関数であるため，移動平均フィルタとの差は，振幅値の計算を平均値か中央値のどちらで行うかである。FreeMat には median 関数が存在しないため，コマンドウィンドウで>> edit MyMedian.m と打ち，開いたエディタに以下のプログラムを打ち込んで保存する。その後，上記のプログラムの median 部分を MyMedian に置き換えて実行する。以下のプログラムの内容は解説しないので，これが中央値を求める関数であると割り切って打ち込んでほしい。

```
function median_value=MyMedian(x)
y=sort(x);
c=(length(x)+1)/2;
median_value=(y(floor(c))+y(ceil(c)))/2;
```

雑音もホワイトノイズではなくパルス状のほうが効果がわかりやすいため，雑音 noise を生成するためのプログラムも以下に修正する。なお，fs や signal

は，2.4.1 項で定義しているものを流用することとする。

```
>> noise=zeros(fs,1);
>> number_of_pulses=5;
>> for i=1:number_of_pulses
>>    noise(randi(length(noise)))=2*round(rand)-1;
>> end
>> x=signal+noise;
```

ここで，**randi 関数**は，1 から引数までの間の範囲を限定した整数をランダムに生成する。FreeMat の randi 関数は書式が異なり，randi(1,length(noise)) と，第一引数に下限値を入れることで対応する。**round 関数**は，与えられた数値を整数に丸める（厳密には，引数の与え方により任意の桁での丸めに対応している）。**rand 関数**は，0 から 1 の範囲での一様乱数を生成する。つまり，round(rand) は 0 か 1 かのどちらかをランダムに示し，2*round(rand)-1 は，

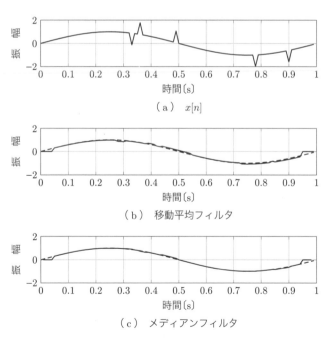

（a） $x[n]$

（b） 移動平均フィルタ

（c） メディアンフィルタ

図 2.6 雑音が重畳された信号から正弦波を取り出す移動平均フィルタとメディアンフィルタとの比較

-1か1のどちらかをランダムに示すこととなる。以上をまとめると，noise は，ランダムな時刻で振幅が -1か1のパルスを5本持つ，パルス状の雑音となる。

図 **2.6** は，移動平均フィルタとメディアンフィルタとの差を示している。移動平均フィルタとメディアンフィルタとの差を比較すると，メディアンフィルタのほうがより正弦波に近いことを確認できる。今回は ±5 サンプル分なので移動平均フィルタの場合はパルスの影響が約 1/11 になることに対し，メディアンフィルタの場合は中央値のため雑音の影響をさらに抑制できる。パルスの振幅が大きくなるにつれ両方の差は顕著になるので，noise に適当に大きな振幅を乗じてから同じプログラムを動かすことで，差が視覚的にもわかりやすくなる。移動平均フィルタでは ±5 サンプル分の振幅にパルスの影響が均一に含まれるが，メディアンフィルタの場合は中央値のため時間方向への影響が相対的に小さいことも特色といえる。

3. 離散フーリエ変換の考え方

高速フーリエ変換（FFT：fast Fourier transform）は，スペクトル解析を支える基盤技術である。ただし，本書では高速フーリエ変換そのものの原理は説明しない。信号のスペクトル解析を行う考え方は，**離散フーリエ変換**（DFT：discrete Fourier transform）さえ学べば，MATLAB での実装上は問題ない。本書においては，高速フーリエ変換を「信号長が 2 のべき乗のときに高速に計算できる特殊な離散フーリエ変換」とだけ覚えることにする。信号長に制約のある高速フーリエ変換によるスペクトル解析は，任意の信号長で計算できる離散フーリエ変換でも実現できる。以下では「高速フーリエ変換による」という説明が出てくるが，計算機上高速フーリエ変換を使うという理由で付けられた説明であり，離散フーリエ変換でも問題は生じない。なお，高速フーリエ変換には「離散」の文字は入らないが，離散信号のみが対象となる。

3.1 正弦波に関する事前知識

筆者が読んできた書籍におけるフーリエ変換関係の学習手順では，まずは連続信号を対象としたフーリエ級数展開を学び，そこから複素フーリエ級数展開へと発展させる。その後，ひとまず**フーリエ変換**（Fourier transform）を習得する。フーリエ変換は連続信号が対象のため，離散信号が対象となる離散フーリエ変換との対応関係を説明する。一連の説明の後，最後に高速フーリエ変換の原理を学ぶという流れで説明するものが多かったように記憶している。本書は，その手順にはあえて従わず，スペクトル解析に向けて離散フーリエ変換に必要な前提知識の説明から行うことにする。

　上述の用語は，すべてスペクトル解析を学ぶために重要であることはいうまでもない。ただし，プログラムを併用して学ぶコンセプトである本書では，文章や数式をプログラムで検証しながら離散フーリエ変換に限定して説明する。より深く理解するためには，必要に応じてディジタル信号処理の伝統的な書籍で知識を補強していただきたい。

3.1.1　正弦波を構成するパラメータの定義

　離散信号の場合，正弦波の周期が連続信号と一致しない例があることは2章で説明した。話がややこしくならないよう，以下では連続信号と離散信号の周期が一致する信号のみ扱うこととする。

　まずは，ある周期で同じ振幅を繰り返す**周期信号**（periodic signal）を考える。計算をわかりやすくするため，ここでは周期が1秒である場合に限定して考えることにしよう。周期が1秒となる周期信号の例として，1Hzの正弦波が挙げられる。周期が半分となる2Hzの正弦波も，2周期分をまとめて1周期と解釈すれば，1秒の周期で同じ振幅を繰り返す周期信号と見なせる。以下，**図3.1**に示すように，1秒の区間において周期的な信号には，n〔Hz〕（nは整数）の周波数を有する正弦波がすべて該当する。角周波数ωについても，1秒の周期を持つ周期信号という制約を与えることにより，2πの整数倍に限定される。

　つぎに，この正弦波を構成するパラメータを整理しよう。これまでは周波数f（あるいは角周波数ω）のみとしていたが，これからは**振幅**（amplitude）rと**位相**（phase）θを含める。以下では，オイラーの公式において位相が0である場合の値が$e^0 = 1$になることから，時刻と位相が0のときの値が1となるcos波を正弦波の基準とする。

$$x(t) = r\cos(2\pi n t - \theta) \tag{3.1}$$

振幅rがつねに正であることを保証するため，負の値にしたい場合はcosの中にπを加算することで対応する。

　振幅と位相が未知である1Hzの正弦波$x(t)$から振幅r，位相θを求めるに

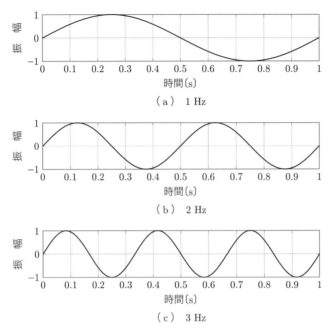

図 3.1 1 秒が周期となる正弦波の例

はどうすべきかを考えることが，スペクトル解析を理解する前段階として重要
である。ここでは 1 Hz の正弦波なので $n = 1$ であり，現段階では未知の n を
有する正弦波の n を推定する問題は扱わない。正弦波の振幅と位相を算出する
際には，まずは入力信号 $x(t)$ を加法定理により以下の形に変形する。

$$r\cos(2\pi t - \theta) = r\cos(\theta)\cos(2\pi t) + r\sin(\theta)\sin(2\pi t) \tag{3.2}$$

ここで，$r\cos(\theta)$ と $r\sin(\theta)$ の値を得ることができれば，以下のように両方の
二乗和の平方根から r が求められる。

$$\sqrt{(r\cos(\theta))^2 + (r\sin(\theta))^2} = \sqrt{r^2(\cos^2(\theta) + \sin^2(\theta))}$$
$$= r \tag{3.3}$$

r が確定すれば $\sin(\theta)$ と $\cos(\theta)$ の値も求められるため，θ も $\sin(\theta)$ と $\cos(\theta)$ を
用いた 4 象限逆正接 $(\tan^{-1})$ から求めることが可能となる。

3.1.2 正弦波を構成するパラメータの推定

ここからは，$r\cos(\theta)$ を a，$r\sin(\theta)$ を b として，a，b をどのように導出するかを説明する。まずは，以下のように a，b を用いた形で入力信号 $x(t)$ を表現しなおす。

$$x(t) = r\cos(2\pi t - \theta)$$
$$= a\cos(2\pi t) + b\sin(2\pi t) \tag{3.4}$$

ここで，入力信号 $x(t)$ と $\cos(2\pi t)$ との積を算出し，1周期分，すなわち1秒間の区間で積分を計算する。$x(t)$ と $\cos(2\pi t)$ の両信号ともに周期が1秒であるため，積分範囲は0から1でも -0.5 から 0.5 でも結果に影響はない。

$$\int_{-0.5}^{0.5} x(t)\cos(2\pi t)dt \tag{3.5}$$

$x(t)$ を a，b を用いて表現した形として代入すると，以下が得られる。

$$\int_{-0.5}^{0.5} (a\cos(2\pi t) + b\sin(2\pi t))\cos(2\pi t)dt \tag{3.6}$$

上式は，積分記号の内部における和が二つの積分に分離できることに着目すると，以下のように変形できる。

$$\int_{-0.5}^{0.5} a\cos(2\pi t)\cos(2\pi t)dt + \int_{-0.5}^{0.5} b\cos(2\pi t)\sin(2\pi t)dt \tag{3.7}$$

この第2項の積分記号内部は奇関数となるので，積分を計算すると0となり第1項だけが残る。また，a は t とは無関係なので積分記号の外に出すことができる。

$$a\int_{-0.5}^{0.5} \cos^2(2\pi t)dt \tag{3.8}$$

ここから積分結果を計算すると，最終的には

$$\int_{-0.5}^{0.5} x(t)\cos(2\pi t)dt = \frac{a}{2} \tag{3.9}$$

が得られる。これは，1 Hz の正弦波に対し 1 Hz の cos 波を乗じて1周期分の積分を求め2倍することで a が計算できることを意味する。b の算出について

は，1 Hz の sin 波を乗じて同様の計算を実施する。結論だけ記載すると以下となる。

$$\int_{-0.5}^{0.5} x(t)\sin(2\pi t)dt = \frac{b}{2} \tag{3.10}$$

以上をまとめると，a と b はそれぞれ以下で計算できる。

$$a = 2\int_{-0.5}^{0.5} x(t)\cos(2\pi t)dt \tag{3.11}$$

$$b = 2\int_{-0.5}^{0.5} x(t)\sin(2\pi t)dt \tag{3.12}$$

これらは連続信号に対しての導出であるが，周期が等しい離散信号であればほぼ同様の結果を導くことができる。この場合，a を求める式は

$$a = 2T\sum_{m=0}^{M-1} x[m]\cos(2\pi mT) \tag{3.13}$$

となり，b を求める式は

$$b = 2T\sum_{m=0}^{M-1} x[m]\sin(2\pi mT) \tag{3.14}$$

となる。ここで，M は信号長に対応するサンプル数であり，今回は 1 秒の離散信号であることから標本化周波数と一致する。これらの式が表すことは，1 Hz の正弦波に対し 1 Hz の sin 波，cos 波を乗じて 1 周期分の総和を求める，すなわち内積を求めることで二つのパラメータを推定できるということである。

3.1.3　パラメータ推定のプログラムによる検証

ここまでの内容をプログラムとして記述し検証してみよう。まずは入力信号として，振幅 r と位相 θ をパラメータとした 1 Hz の正弦波を以下のプログラムで生成する。

```
>> fs=44100;
>> t=(0:fs-1)'/fs;
>> r=1.5;
>> theta=0.3;
>> x=r*cos(2*pi*t-theta);
```

この x から，振幅として 1.5，位相として 0.3 という数字が得られれば，入力信号から目的とするパラメータを推定できたといえる。a と b は，それぞれ以下のプログラムにより実装できる。

```
>> a=2/fs*sum(x.*cos(2*pi*t));
>> b=2/fs*sum(x.*sin(2*pi*t));
```

ここで，mT を計算する代わりに，計算結果が同一である t を使っている。最後に，計算された変数 a と b から，振幅と位相を求める。結果を表示させるため，セミコロンは外している。

```
>> sqrt(a^2+b^2)
>> atan2(b,a)
```

atan2 関数は，複素数の場合，第一引数に虚部の値，第二引数に実部の値を与えると 4 象限逆正接を計算する関数である。類似関数である atan 関数は 2 象限（$-\pi/2$ から $\pi/2$）の計算を行うが，atan2 では 4 象限（$-\pi$ から π）の逆正接を計算する。ここまでの結果により，目的とする振幅と位相が正しく計算できていることが確認できる。

3.1.4 周 期 の 拡 張

これまでの例では周期を 1 秒に限定しているが，任意の周期に拡張することももちろん可能である。ここから周期を任意に与えるための変数を割り当てることになるが，本書では，重複を避けるため周期に対応する変数として L を採用する。書籍によっては T を使う場合や T_0 とする場合もあるため，ほかの書籍を読む際には混乱しないよう気を付けてほしい。信号の周期を L とした場合，連続信号の場合の a と b はそれぞれ以下で与えられる。

$$a = \frac{2}{L} \int_{-L/2}^{L/2} x(t) \cos\left(\frac{2\pi t}{L}\right) dt \tag{3.15}$$

$$b = \frac{2}{L} \int_{-L/2}^{L/2} x(t) \sin\left(\frac{2\pi t}{L}\right) dt \tag{3.16}$$

この例は，周期 L で 2π 変化する周波数 $f = (1/L)$〔Hz〕の正弦波 $x(t)$ の解析

例である。周期に関する項は，周期により変化する積分結果を正規化したと解釈できる。この離散系は

$$a = \frac{2T}{L} \sum_{m=0}^{M-1} x[m] \cos\left(\frac{2\pi}{L}mT\right) \tag{3.17}$$

$$b = \frac{2T}{L} \sum_{m=0}^{M-1} x[m] \sin\left(\frac{2\pi}{L}mT\right) \tag{3.18}$$

で表現することができ，プログラムで表すと

```
>> fs=44100;
>> r=1.5;
>> theta=0.3;
>> f=2;
>> L=1/f;
>> t=(0:(fs*L)-1)'/fs;
>> x=r*cos(2*pi*t/L-theta);
>> a=2/fs/L*sum(x.*cos(2*pi*t/L));
>> b=2/fs/L*sum(x.*sin(2*pi*t/L));
```

となる。このプログラムでは，周波数 f をパラメータとして与え，周波数から求められる周期 L を用いて 1 周期分の時間軸を生成している。標本化周波数 fs を用いて標本化周期を 1/fs で与えるように，周期 L も定義せずに 1/f と直接記述することはできる。ここでは，プログラムがこれ以上煩雑になるのを防ぐため，意図的に L を変数として計算するようにしている。

　ここまでの結果は，周波数 f〔Hz〕の信号の振幅と位相は，同じ周波数の sin 波，cos 波との内積から計算することが可能ということを示している。一方，入力された信号の周波数が未知である場合，周波数をどのように求めるべきかという問題を考えなければならない。スペクトル解析は，入力信号を低い周波数から高い周波数まで含む正弦波の和であると見なし，各周波数の正弦波がどの程度の振幅や位相を有するかを抽出するという考えが基本となる。

3.2　スペクトル解析に関する事前知識

　入力信号が未知の周波数を有する正弦波である場合，振幅と位相を計算するためには周波数を求めることが要求される。ここで，3章のはじめに述べた信号の周期に関する制約をもう一度考えよう。3.1.1項では，入力信号は1秒を周期とする信号であるという制約を設けた。この条件を満足する正弦波は周波数が整数であることになるため，例えば1.5 Hzのような信号は存在しない。つまり，入力信号は整数の周波数のいずれかであると仮定してもよい。

3.2.1　正弦波の周波数推定

　入力信号 $x(t)$ は正弦波であるとし，周波数を n〔Hz〕としよう。ここで，係数 a と b を求めるために乗ずる cos 波と sin 波の周波数を m〔Hz〕とする。周期を1秒に設定するという前提条件から，n と m はどちらも任意の整数に限定される。n と m が一致する場合は，これまで説明したように a と b から振幅と位相を求めることができる。では，この二つの周波数が一致しない場合について計算してみよう。入力信号は，これまでと同様に以下で与えられる。

$$x(t) = r\cos(2\pi nt - \theta) \tag{3.19}$$

ここで，a と b を計算するために乗ずる cos 波と sin 波の周波数が m〔Hz〕の場合，以下の手順で式を展開していく。

$$
\begin{aligned}
a &= 2\int_{-0.5}^{0.5} x(t)\cos(2\pi mt)dt \\
&= 2\int_{-0.5}^{0.5} r\cos(2\pi nt - \theta)\cos(2\pi mt)dt \\
&= 2r\int_{-0.5}^{0.5} (\cos(2\pi nt)\cos(\theta) + \sin(2\pi nt)\sin(\theta))\cos(2\pi mt)dt
\end{aligned}
$$

$$\tag{3.20}$$

ここから二つの項の積分に分離し，t とは無関係な項を積分記号の外に括りだ

すと，以下が得られる。

$$a = 2r\cos(\theta)\int_{-0.5}^{0.5}\cos(2\pi nt)\cos(2\pi mt)dt$$

$$+2r\sin(\theta)\int_{-0.5}^{0.5}\cos(2\pi nt)\sin(2\pi mt)dt \qquad (3.21)$$

以下に示す三角関数の積和の公式を用いると，両方の項から整数の周波数を有する sin 波，cos 波の項が得られる。

$$\cos(\alpha)\cos(\beta) = \frac{1}{2}\left(\cos(\alpha+\beta)+\cos(\alpha-\beta)\right) \qquad (3.22)$$

$$\cos(\alpha)\sin(\beta) = \frac{1}{2}\left(\sin(\alpha+\beta)-\sin(\alpha-\beta)\right) \qquad (3.23)$$

整数の周波数であることは 1 秒の区間で周期的であるため，両項とも 1 周期分の積分を計算すると 0 になる。これは，n と m が異なる場合 a はつねに 0 となることを意味する。b についても計算すると，こちらも同様に 0 となる。なお，このような関係を**直交関数列**（orthogonal functions）と呼ぶ。

離散信号における数式は省略し，プログラムによりこの結果が正しいか検証してみよう。以下のプログラムが，これまでの議論をプログラムとして記述したものである。n と m に任意の整数を入れると，a と b の計算結果が画面に表示される。n=m の場合は適切な係数が計算される。n≠m の場合は，完璧な 0 にはならないまでも，10^{-15} 程度までは 0 になることが確認できるはずである。なお，現段階では n が 0 の場合は考えず，3.3.3 項で説明を加えることとする。

```
>> fs=44100;
>> r=1.5;
>> theta=0.3;
>> n=2;
>> m=3;
>> t=(0:fs-1)'/fs;
>> x=r*cos(2*pi*n*t-theta);
>> a=2/fs*sum(x.*cos(2*pi*m*t))
>> b=2/fs*sum(x.*sin(2*pi*m*t))
```

ここで注目すべきは，m に整数以外の値を入れて計算すると値が 0 にはならな

いことである。これは，ここまでの議論は信号の周期を定め，その区間に対して周期的な正弦波に限定した場合でのみ成立することを意味する。

3.2.2 正弦波の重ね合わせ

最後に，異なる周波数を有する複数の正弦波が重畳された信号に対する計算結果を観測してみよう。今度は先にプログラムを示す。以下は，1 Hz と 3 Hz でそれぞれ任意の振幅と位相を有する二つの正弦波を加算する例である。

```
>> fs=44100;
>> n1=1;
>> r1=1.5;
>> theta1=0.3;
>> n2=3;
>> r2=0.3;
>> theta2=1.1;
>> t=(0:fs-1)'/fs;
>> x=r1*cos(2*pi*n1*t-theta1)+r2*cos(2*pi*n2*t-theta2);
```

ここで，1 Hz の sin 波，cos 波に基づいて振幅と位相を計算してみよう。

```
>> a=2/fs*sum(x.*cos(2*pi*t));
>> b=2/fs*sum(x.*sin(2*pi*t));
>> sqrt(a^2+b^2)
>> atan2(b,a)
```

表示される値は，r1 と theta1 の値と合致するはずである。さらに，3 Hz の sin 波，cos 波に基づいて振幅と位相を計算してみると，今度は r2 と theta2 の値と合致するはずである。

この事実は，1 秒の周期を持ち周波数の異なる複数の正弦波が加算されていたとしても，特定の周波数の振幅と位相を分離して検出可能であることを示している。特定の周波数を有する sin 波，cos 波を乗じて振幅と位相を求める一連の演算は，成分を分離して取り出す検出器と解釈できる。つまり図 **3.2** のように，さまざまな周波数の検出器に入力信号を通すことで，入力信号を構成する周波数群の振幅と位相を個別に取り出すことが可能となる。

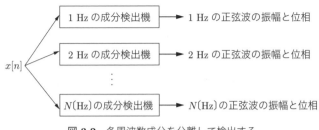

図 3.2 各周波数成分を分離して検出する
スペクトル解析のイメージ

つぎの説明に備えて，ここまでの内容を数式でまとめる．入力信号は，周期が L という条件を満たす，複数の周波数を有する正弦波の複合音であるとする．n 番目の周波数 n/L 〔Hz〕の正弦波が有する振幅と位相を r_n，θ_n とすると，複合音 $x(t)$ は

$$x(t) = \sum_{n=1}^{\infty} r_n \cos\left(\frac{2\pi}{L} nt - \theta_n\right) \tag{3.24}$$

で表現される．こうして得られた信号の r_n と θ_n は，以下の式により a_n と b_n を求め，それらの係数から計算することができる．

$$a_n = \frac{2}{L} \int_{-L/2}^{L/2} x(t) \cos\left(\frac{2\pi}{L} nt\right) dt \tag{3.25}$$

$$b_n = \frac{2}{L} \int_{-L/2}^{L/2} x(t) \sin\left(\frac{2\pi}{L} nt\right) dt \tag{3.26}$$

この，それぞれの周波数の成分を分離して抽出できるという性質こそが，スペクトル解析において最も重要である．

3.3　離散フーリエ変換に向けた事前知識

これまでの説明は，おもに連続信号を対象としてきた．離散フーリエ変換は離散信号を対象とするため，まずは信号を離散化するところから始める．この際，2 章で説明した連続信号と離散信号との違いが，ここでの説明を理解するために役立つことになる．もし，直感的に納得し難い場合は，2 章を読み直す

ことをお勧めする。

3.3.1 離散信号を用いた場合に対する制約

前節で述べた正弦波の複合音 $x(t)$ の式を再掲する。なお，これからの説明で係数名の重複を避けるため，記号 n を k に変えている。

$$x(t) = \sum_{k=1}^{\infty} r_k \cos\left(\frac{2\pi}{L}kt - \theta_k\right) \tag{3.27}$$

この式において注目すべき点は，k の範囲である。周波数は $1/L$〔Hz〕が最も低い値であり，上限は無限大である。この信号を離散信号とする場合には，いくつかの問題がある。この問題を扱うために役立つ事実が，2 章で述べた離散信号固有の性質である。今回は連続信号と離散信号とで同一の周期を持つという制約を与えているため，ある周波数の正弦波が異なる周波数の正弦波と一致するという性質に注目する。

この性質は，以下の数式が示すように，n が整数であれば信号の角周波数 ω〔Hz〕と $\omega + 2\pi$〔Hz〕の周波数が区別できないというものである。

$$\sin(\omega n) = \sin((\omega + 2\pi)n) \tag{3.28}$$

$$\cos(\omega n) = \cos((\omega + 2\pi)n) \tag{3.29}$$

この性質は，sin 波だけではなく cos 波でも成立する。以下では，この特徴に着目して数式の展開を考えていくことになる。

まずは，連続信号で表現された正弦波の複合音を離散化する。

$$x[n] = \sum_{k=1}^{\infty} r_k \cos\left(\frac{2\pi}{L}knT - \theta_k\right) \tag{3.30}$$

T は標本化周期に対応する。ここで，$\cos(\omega n) = \cos((\omega + 2\pi)n)$ となる性質に着目すると，以下の等式が得られる。計算を簡単にするため，特定の周波数 k/L〔Hz〕のみを取り出し，振幅を 1，位相を 0 として算出している。

$$\cos\left(\frac{2\pi}{L}knT\right) = \cos\left(\left(\frac{2\pi}{L}kT + 2\pi\right)n\right) \tag{3.31}$$

ここで右辺を変形することで，以下の関係が成立する。

$$\cos\left(\frac{2\pi}{L}knT\right) = \cos\left(\left(\frac{2\pi(kT+L)}{L}\right)n\right) \tag{3.32}$$

もともと右辺と左辺は等しいが，左辺の k が増加し続け $k+L/T$ になったタイミングで左辺と右辺は式の形としても同一になる。なお，連続信号と離散信号との周期が等しいという条件を満たす場合，L/T はつねに正の整数となる。

　連続信号では無限大までの周波数を加算していたが，離散信号では k 番目と $k+L/T$ 番目が同じ周波数と見なされる。つまり，無限に加算していった場合，本来は異なる周波数を有する複数の正弦波が，同じ周波数の正弦波として加算され続けることとなる。具体的には，k/L〔Hz〕と $k/L+f_s$〔Hz〕，つまり元の周波数と標本化周波数（$f_s = 1/T$〔Hz〕）を加算した周波数とが同一の周波数となる。また，上の式では 2π を加算していたが，これは 2π の整数倍であれば成立するため，標本化周波数の整数倍を加算した場合でも同様のことがいえる。特定の周波数が異なる周波数と区別できないことは，複数の周波数成分の振幅と位相とが混ざり合うためパラメータ推定が不可能になることを意味する。加えて，仮に単一の周波数 f〔Hz〕の正弦波であったとしても，その正弦波の周波数は f〔Hz〕なのか $f+f_s$〔Hz〕なのか区別することも不可能である。よって，A-D 変換をする際には，このような重複が起こらないよう，収録時に一定の周波数以上の成分をカットする前処理を行うことが一般的である。この処理に用いられるフィルタは，**アンチエイリアシングフィルタ**（anti-aliasing filter）と呼ばれる。

　ここまでの説明を受けると，アンチエイリアシングフィルタで除去すべき周波数成分は標本化周波数以上と考えるかもしれないが，実際にはまだ重複する周波数が存在する。この周波数の計算には，$\sin(\theta) = -\sin(-\theta)$ と $\cos(\theta) = \cos(-\theta)$ という三角関数の基本的な性質が重要となる。これまで述べたことと同様に考えると，負の周波数成分に対しても f_s〔Hz〕加算した成分は存在する。周波数解析としては，f〔Hz〕と $-f$〔Hz〕は cos 波では等しく sin 波では位相が π ずれているだけなので，上記の例と同様に区別ができない。負の周波数に f_s

〔Hz〕加算した周波数は標本化周波数よりも低いため，k/L〔Hz〕との区別が不可能な周波数の下限は $k/L + f_s$〔Hz〕よりも低くなる。

　以下の式の手順で計算していくと，k/L〔Hz〕と区別ができない周波数は $f_s + k/L$ に加え $f_s - k/L$〔Hz〕も該当する。

$$\sin(\omega n) = -\sin(-\omega n) = -\sin((2\pi - \omega)n) \tag{3.33}$$

$$\cos(\omega n) = \cos(-\omega n) = \cos((2\pi - \omega)n) \tag{3.34}$$

これらをまとめると，**図 3.3** となる。便宜上負の sin 波の振幅を負のまま表示しているが，位相を π シフトさせれば振幅は同一である。0 Hz を軸にして $\pm f_s/2$〔Hz〕の範囲の振幅が f_s〔Hz〕ごとに繰り返していることを示している。つまり，0 Hz から $f_s/2$〔Hz〕までの範囲に正弦波が存在する場合のみ，他周波数との重複が生じないことになる。ここで，標本化周波数の半分となる周波数のことを**ナイキスト周波数**（Nyquist frequency）と呼ぶ。詳細は説明しないが，上記のような問題を，本書では A-D 変換における**折り返し**（aliasing）とする。重要なことは，離散信号を扱う場合，ナイキスト周波数以上の周波数成分が含まれるといろいろと不都合が生じることである。アンチエイリアシングフィル

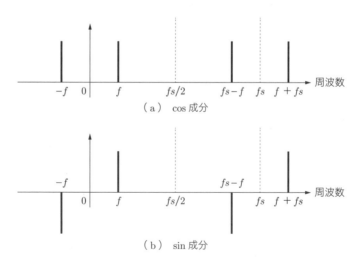

図 3.3　f〔Hz〕と区別できない周波数の例

タは，ナイキスト周波数より高い周波数成分を除去するフィルタであり A-D 変換に必須であるとだけ覚えれば，本書を読み進めるには十分である。

3.3.2 複素数による係数の統合

これまで a_k と b_k を独立した式で求めてきたが，つぎのステップでは二つの係数を一つに統合することを考える。ここで，正弦波は二つの複素正弦波から構成されるという解釈が，以降の説明の理解を容易にする。これまでの説明では，任意の振幅と位相を持つ k 番目の正弦波を，同一周波数の cos 波と sin 波に係数 a_k, b_k を乗じた和で表現していた。

$$r_k \cos(2\pi kt - \theta_k) = a_k \cos(2\pi kt) + b_k \sin(2\pi kt) \tag{3.35}$$

複素数への拡張では，この式の右辺をさらに変形する。具体的には cos 波と sin 波をオイラーの公式により変形する。

$$\begin{aligned} r_k \cos(2\pi kt - \theta_k) &= a_k \cos(2\pi kt) + b_k \sin(2\pi kt) \\ &= a_k \left(\frac{e^{i2\pi kt} + e^{-i2\pi kt}}{2} \right) + b_k \left(\frac{e^{i2\pi kt} - e^{-i2\pi kt}}{2i} \right) \end{aligned} \tag{3.36}$$

ここから，$e^{i2\pi kt}$ と $e^{-i2\pi kt}$ の項で括ると以下が得られる。

$$r_k \cos(2\pi kt - \theta_k) = e^{i2\pi kt} \left(\frac{a_k - ib_k}{2} \right) + e^{-i2\pi kt} \left(\frac{a_k + ib_k}{2} \right) \tag{3.37}$$

この導出では，$1/i$ に i/i を乗ずることで $-i$ になる性質を利用している。この式には，いくつか重要な意味がある。具体的には，正弦波は二つの複素正弦波で構成されることをすでに説明したが，この式はその二つの複素正弦波に複素共役となる係数をかけていることである。

続いて，$(a_k - ib_k)/2$ を複素数 c_k として求める演算を考える。周期は 1 秒とし，a_k と b_k それぞれの算出式を $(a_k - ib_k)/2$ に代入する。

$$c_k = \int_{-0.5}^{0.5} x(t) \cos(2\pi kt)\, dt - i \int_{-0.5}^{0.5} x(t) \sin(2\pi kt)\, dt \tag{3.38}$$

ここから二つの積分を一つにまとめると，以下となる。

$$c_k = \int_{-0.5}^{0.5} x(t) \left(\cos\left(2\pi kt\right) - i\sin\left(2\pi kt\right)\right) dt \tag{3.39}$$

オイラーの公式により以下が得られる。

$$c_k = \int_{-0.5}^{0.5} x(t) e^{-i2\pi kt} dt \tag{3.40}$$

この c_k から振幅 r_k と位相 θ_k を求めることが可能である。$c_k = (a_k - ib_k)/2$ であり，各係数の値が半分になっている。ここで，正弦波が半分の振幅を持つ二つの複素正弦波の和で構成されるという 1 章の説明を思い出そう。a_k と b_k を用いた計算では正弦波の振幅を求めていたが，c_k を求めることは，正弦波を構成する二つの複素正弦波のうち，周波数が一致する複素正弦波の振幅を求めていると解釈する。オイラーの公式では正弦波を正と負の周波数を有する複素正弦波で表現しており，$\exp(-i2\pi kt)$ を乗じて積分を求める演算は，二つの複素正弦波のうち，片方の振幅と位相を算出することに対応する。

　ここまでの導出を信号長が N サンプルの離散信号用に示すと，以下が得られる。

$$c_k = T \sum_{n=0}^{N-1} x[n] e^{-i2\pi knT} \tag{3.41}$$

ここからは，この内容についてプログラムで検証してみよう。1 Hz と 3 Hz で振幅と位相を有する正弦波を生成し，c_1 と c_3 を計算するプログラムを目指す。まずは，解析対象となる信号 x を以下で生成する。

```
>> fs=44100;
>> f1=1;
>> r1=1.5;
>> theta1=0.3;
>> f2=3;
>> r2=0.2;
>> theta2=-1.1;
>> t=(0:fs-1)'/fs;
>> x=r1*cos(2*pi*f1*t-theta1)+r2*cos(2*pi*f2*t-theta2);
```

この信号に対して, c_k を計算するプログラムは以下である。ここでは, k が $1\,\mathrm{Hz}$ と $3\,\mathrm{Hz}$ について計算している。

```
>> k1=1;
>> c1=sum(x.*exp(-1i*2*pi*k1*t))/fs;
>> k3=3;
>> c3=sum(x.*exp(-1i*2*pi*k3*t))/fs;
```

ここまでの処理後に, `abs(c1)` により振幅 r1 の半分の値が得られる。位相 `theta1` については, b の符号が反転しているため, **conj** 関数により **複素共役** (complex conjugate) を求めて計算する。具体的には `angle(conj(c1))` とする。ただし, 正弦波の位相 θ を減算する形で定義しているので, その負号が含まれると考えれば conj 関数を省略して計算できる。

3.3.3 係数を計算する範囲の注意点

複素数の導入により, 係数 c_k における k の範囲を計算するための議論を再度行う必要がある。角周波数 ωk〔Hz〕の正弦波は二つの複素正弦波で構成され, オイラーの公式によれば, 離散信号の場合は複素正弦波 $e^{i\omega knT}$ と $e^{-i\omega knT}$ が構成要素である。1 秒の信号であれば, 離散信号の信号長は標本化周波数である f_s サンプルに固定される。ここでは, f_s を 8 とした場合について観測してみよう。これまでの議論によりナイキスト周波数まで含める必要があるため, 半分の 4 までが対象となる。

$$x[n] = \sum_{k=1}^{4} \left(c_k e^{i2\pi kn/8} + c_k^* e^{-i2\pi kn/8} \right) \tag{3.42}$$

ここで, ようやく扱いを保留にしていた $0\,\mathrm{Hz}$ の成分を考える。ほかの周波数と同様に扱うと

$$x[n] = r_0 \cos(-\theta_0) \tag{3.43}$$

となる。時間に対して値が不変であるため, n に依存せずつねに振幅値である r_0 を示す必要がある一方, θ_0 の値が振幅に変化を与えるという現象が生じる。

そのため，0 Hz の場合に計算すべきパラメータは r_0 のみで，θ_0 は r_0 の値にのみ依存して自動的に決定するパラメータとなる。具体的には，θ_0 が複素平面上における角度に対応する関係から，r_0 が正であれば 0，負であれば π の二値となる。$-\pi$ と表現することもあるが，複素平面の単位円上の回転角度と考えれば同一の意味を有する。このように，0 Hz の値はほかの周波数成分とは少々傾向が異なる。

c_0 の計算は，ほかの場合と同様に行う。乗ずる係数は e^0 であることから 1，すなわちなにも乗じず入力信号の平均振幅を求める演算となる。

$$c_0 = \frac{1}{8} \sum_{n=0}^{7} x[n] \tag{3.44}$$

ここで注目すべきは，ほかの周波数の正弦波は二つの複素正弦波から構成されるため，c_k の絶対値として得られる振幅は本来の値の半分という事実である。0 Hz の場合は二つの複素正弦波が同じ周波数を示すため，c_k から得られる振幅は半分とはならず，本来の振幅 r_0 がそのまま得られる。入力信号 $x[n]$ が実部のみから構成される場合，c_0 も実部のみを有し虚部はつねに 0 となる。これまでは，1 秒の区間で 1 Hz 以上の正弦波の和で入力信号を表現していたため，振幅の平均値はつねに 0 であった。0 Hz の成分を与えることで，平均振幅が 0 以外の信号も扱えるようになる。

同様のことは，ナイキスト周波数に相当する c_4 でも生じる。

$$\begin{aligned} x[n] &= c_4 e^{i2\pi 4n/8} + c_4^* e^{-i2\pi 4n/8} \\ &= c_4 e^{i\pi n} + c_4^* e^{-i\pi n} \end{aligned} \tag{3.45}$$

ここで，ナイキスト周波数に対応する k が 4 の場合も，θ_4 の値が振幅に影響するため，0 Hz と同様の性質を持つ。つねに c_4 は実部のみ有し虚部は 0 となるため $c_4 = c_4^*$ であり，また $e^{i\pi n} = e^{-i\pi n} = (-1)^n$ である。

$$\begin{aligned} x[n] &= c_4 e^{i\pi n} + c_4^* e^{-i\pi n} \\ &= 2c_4(-1)^n \end{aligned} \tag{3.46}$$

こちらも 0 Hz のときと同様に，ほかの周波数と比較して得られる係数が倍になる。

加えて，k が 1, 2, 3 の場合を再度確認する。

$$x[n] = \sum_{k=1}^{4} \left(c_k e^{i2\pi kn/8} + c_k^* e^{-i2\pi kn/8} \right) \tag{3.47}$$

k が 1 の場合の項は，$c_1 e^{i2\pi n/8} + c_1^* e^{-i2\pi n/8}$ である。ここで，$c_{-1} = c_1^*$ という性質を利用すると，k が 1 の場合と -1 の場合で計算した結果の和で表現可能である。つまり，$c_1 e^{i2\pi n/8} + c_{-1} e^{i2\pi n/8}$ と表現できる。これをほかの k についても求めると，二つの総和記号の演算に分離できる。

$$x[n] = \sum_{k=1}^{3} \left(c_k e^{i2\pi kn/8} \right) + \sum_{k=-3}^{-1} \left(c_k e^{i2\pi kn/8} \right) \tag{3.48}$$

これに，別枠であった 0 Hz とナイキスト周波数である 4 Hz を加えると，k は -3 から 4 までとなる。

$$x[n] = \sum_{k=-3}^{4} c_k e^{i2\pi kn/8} \tag{3.49}$$

図 3.4 は，k が 1 の場合の $e^{i2\pi n/8}$ が複素平面のどこに存在するかを示している。図 (a) がこれまで説明してきた信号長 N が 8 の場合である。図からも明

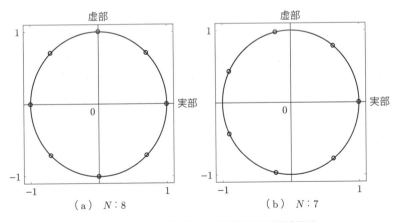

図 3.4 0 Hz からナイキスト周波数までの周波数が
複素平面上のどの座標に存在するかを示す例

らかに，$e^{i2\pi n/8}$ は複素平面上の単位円を 8 等分するように配置されている。この配置図から，k が -3 から -1 については，1 周回転させることで 5 から 7 としても問題は生じない。よって，最終的な $x[n]$ は

$$x[n] = \sum_{k=0}^{7} c_k e^{i2\pi kn/8} \tag{3.50}$$

となる。なお，図 (a) のように標本化周波数が偶数の場合ナイキスト周波数と合致する周波数成分が存在する一方，図 (b) のように奇数の場合はナイキスト周波数と合致する周波数は存在しない。この場合，特殊な扱いとなる周波数は，$0\,\mathrm{Hz}$ のみとなる。

　最後に，$0\,\mathrm{Hz}$ とナイキスト周波数の正弦波が有する振幅がどのようになるか，プログラムで検証してみよう。今回は，位相は与えずに以下のプログラムの 2 行目の f を 0 から 4 まで順番に変えて動作させてみよう。

```
>> fs=8;
>> f=0;
>> r=0.5;
>> t=(0:fs-1)'/fs;
>> x=r*cos(2*pi*f*t);
>> c=sum(x.*exp(-1i*2*pi*f*t))/fs;
>> abs(c)
```

f が 0 と 4 の場合のみ振幅と一致する 0.5 が表示され，1, 2, 3 では半分である 0.25 と表示されるはずである。fs を 7 に変更した場合，0.5 が表示されるのは f が 0 のときだけである。ただし，これまで説明したように，f〔Hz〕と $f+f_s$〔Hz〕の区別はできないため，f を fs にすると $0\,\mathrm{Hz}$ と同じ結果となる。これは，先ほどの説明のように，図 3.4 に示すように複素平面上の単位円を一周したため，見分けがつかないことの確認である。

3.4 離散フーリエ変換

離散フーリエ変換に進むための最後の説明は，信号の周期に関する制約につ

いてである。これまでは周期を1秒としていたので信号長は標本化周波数である f_s サンプルに固定されており，c_k に対する k をそのまま周波数 k 〔Hz〕の成分と見なすことが可能であった。一方，任意の周期への拡張でも述べたように，周期を L とし，その区間を N サンプルで刻むことも可能である。あるいは，標本化周期 T で N サンプルある信号から周期 L を算出できるという言い方でも同様である。k 番目の値は k 〔Hz〕とは異なる周波数になるが，この周波数は T と N から算出することが可能である。このように考えると，つねに信号長 N が1周期であると抽象化することが可能で，時間に関する情報は見かけ上無視することが可能となる。

3.4.1 離散フーリエ変換の定義

これまでの説明を，離散フーリエ変換に時間の概念を持たせないよう抽象化した結果だと解釈する。なお，ここからは，c_k の表記を $X[k]$ と変える。

$$X[k] = \frac{1}{N} \sum_{n=0}^{N-1} x[n] e^{-i2\pi kn/N} \tag{3.51}$$

ここで，$X[k]$ のことを**スペクトル**（spectrum）と呼ぶ。信号とスペクトルのどちらであるかを容易に見分けるため，入力信号は小文字，スペクトルを大文字として対応付けて記載している。また，k を**離散周波数番号**（discrete frequency number）と呼ぶ。離散周波数番号 k と正弦波の周波数とは対応関係があり，$X[k]$ は kf_s/N 〔Hz〕の正弦波に対するスペクトルとなる。$X[k]$ から $x[n]$ に戻す**離散フーリエ逆変換**（inverse discrete Fourier transform）も，$x[n]$ と c_k の関係式から以下となる。

$$x[n] = \sum_{k=0}^{N-1} X[k] e^{i2\pi kn/N} \tag{3.52}$$

本質的な差ではないが，離散フーリエ変換にはいくつかのバリエーションがある。具体的には，順変換時における係数 $1/N$ は，順変換・逆変換のどちらかに入れればよい。例えば，順変換の際には単純な総和にし，逆変換で $1/N$ を乗

ずると以下が得られる。

$$X[k] = \sum_{n=0}^{N-1} x[n]e^{-i2\pi kn/N} \tag{3.53}$$

$$x[n] = \frac{1}{N} \sum_{k=0}^{N-1} X[k]e^{i2\pi kn/N} \tag{3.54}$$

あるいは，両変換に $1/\sqrt{N}$ を乗ずる以下の形も存在する。

$$X[k] = \frac{1}{\sqrt{N}} \sum_{n=0}^{N-1} x[n]e^{-i2\pi kn/N} \tag{3.55}$$

$$x[n] = \frac{1}{\sqrt{N}} \sum_{k=0}^{N-1} X[k]e^{i2\pi kn/N} \tag{3.56}$$

MATLAB や FreeMat では，逆変換時に $1/N$ を乗ずる演算として高速フーリエ変換が実装されているので，本書でも以後は特別な理由がない限り同様に扱う。

3.4.2　高速フーリエ変換によるスペクトル解析

　端的にいうと，高速フーリエ変換は，信号長が 2 のべき乗である入力に対して高速にスペクトルを計算できる離散フーリエ変換である。より詳しくいえば，信号長を素因数分解した結果に基づき速度が決定し，2 のべき乗において最速になる特徴を有する。後述する**ゼロ埋め**（zero padding。ゼロ詰めという表現をすることもある）を行うことにより，任意の長さの信号に対しても高速フーリエ変換の利点を最大限活かせる。

　初めに，数式に従い実装した離散フーリエ変換が，MATLAB で使われる高速フーリエ変換（**fft** 関数）と同じ結果が得られることを確認しよう。信号長をN として与え，信号は randn 関数により設計する。

```
>> N=8;
>> x=randn(N,1);
>> c=zeros(N,1);
>> for i=0:N-1
>>   c(i+1)=sum(x.*exp(-1i*2*pi*i*(0:N-1)'/N));
```

```
>> end
>> X=fft(x);
```

zeros 関数は中身を 0 で構成する行列を生成する関数である。上記の N のように，事前に要素数がわかっている配列の各要素を計算する演算では，事前に配列として確保することを MATLAB では推奨している。c と X を表示すると，どちらもほぼ同一の結果となることが確認できる。

　この例では，x を正弦波の重ね合わせではなく randn 関数による乱数として生成しており，このことに違和感を覚えるかもしれない。離散フーリエ変換では，見かけ上 1 周期分の信号が無限に繰り返されており，今回は，周期 L を N サンプルで表現していることになる。入力信号が L の周期を有する場合，その信号は L で周期的な正弦波以外の成分は存在できず，この条件を満たさない正弦波が存在する場合，その信号の周期は L ではなくなる。さらに，解析対象がアンチエイリアシングフィルタ後に A-D 変換された離散信号という条件により，正弦波の周波数の上限は無限ではなく有限となる。ここから，N サンプルで 1 周期を構成するあらゆる離散信号は，有限個の正弦波を適切な振幅，位相で加算することで表現可能であることとなる。ここで，すべての正弦波の振幅と位相を求める方法が離散フーリエ変換であり，信号長に制約を与えることで高速に計算できる方法が高速フーリエ変換となる。

4. 高速フーリエ変換による スペクトル解析

　ここからは，スペクトル解析の実施例についてプログラムを交えて説明する。信号解析のための理論は，単純な実装で適切に動作するものから結果が真値とは大きく異なるものまであり，理論を理解しただけでは実装が困難な事例があることを知っていただきたい。連続信号を対象にした理論でのみ式展開が可能な場合，実装のための工夫が必要になる場合もある。本章では，いくつかの例を交えてプログラムとして実装する際の注意点も説明する。本書の目的はスペクトル解析をプログラムで実装する手順の習得であるため，いくつかの定理を証明せずに利用する。手掛かりとなる導入までは記載するので，導出に興味がある読者は自力で導出するか，より高度な信号処理の書籍を参照していただきたい。

4.1 簡単なスペクトル解析の例

　プログラムを実装する際には，バグが混入することを考慮して結果が予測できる信号でテストすることが望ましい。ここでは，正弦波を入力信号としてスペクトル解析する例を示す。それらの例から，スペクトル解析において注意すべき点を把握する。

4.1.1 振幅スペクトルと位相スペクトルの定義

　初めに，スペクトル解析において頻出する用語を定義する。振幅スペクトル（amplitude spectrum）と位相スペクトル（phase spectrum）は，各周波数に対する振幅と位相を表現した代表的なスペクトル表現である。スペクトル $X[k]$ が実部 $X_r[k]$ と虚部 $X_i[k]$ から構成されるとすると，振幅スペクトル $|X[k]|$ と

位相スペクトル $\varphi[k]$ は，それぞれ以下で与えられる。

$$X[k] = X_r[k] + iX_i[k] \tag{4.1}$$

$$|X[k]| = \sqrt{X_r^2[k] + X_i^2[k]} \tag{4.2}$$

$$\varphi[k] = \angle X[\omega] \tag{4.3}$$

位相スペクトルを表現する記号ではほかに θ や ϕ が用いられるが，本書では φ を用いることとする。振幅スペクトルの二乗は**パワースペクトル**（power spectrum）と呼ばれ，$|X[k]|^2 = X_r^2[k] + X_i^2[k]$ で定義される。

振幅スペクトルやパワースペクトルの表示はデシベル単位で行うこともあるが，この場合振幅スペクトル，パワースペクトルのどちらから計算しても同じ結果となる。$20\log_{10}|X[k]|$ が振幅スペクトルをデシベル単位へ変換する式であり，パワースペクトルからは $10\log_{10}|X[k]|^2$ である。後者について，$\log_{10}x^n = n\log_{10}x$ となる公式から，結局前者と一致することがわかる。なお，現実世界で $100\,\mathrm{dB}$ の音源を収録した離散信号からパワーを算出したとしても，$100\,\mathrm{dB}$ になるとは限らない。これは，収録時のマイクボリュームにより計算機に取り込まれる振幅が変化し，絶対的な音圧レベルとはならないためである。したがって，デシベル単位で振幅スペクトル，パワースペクトルを図示する際の縦軸は，単位は dB であるが**相対パワー**（relative power）と表現する。

4.1.2 正弦波のスペクトル解析

簡単な例題として，信号長を 2 秒，周波数を $5\,\mathrm{Hz}$ とした正弦波のスペクトル解析を示そう。ここからの例題では，高速フーリエ変換を MATLAB で実装されている fft 関数により実施する。

```
>> fs=44100;
>> t=(0:fs*2-1)'/fs;
>> f=5;
>> x=sin(2*pi*f*t);
>> X=fft(x);
```

X が複素数として計算されたスペクトルである。fft 関数により得られたスペク

トル X から振幅・位相スペクトルを求める場合，それぞれ abs(X) と angle(X) となる。振幅スペクトルを>> plot(abs(X)) で表示した場合においても，横軸が5の場所に正弦波の振幅を示す値が表示されない。スペクトルの表示では，X(k) における離散周波数番号 k に対応する周波数からなる配列を用意する必要がある。MATLAB では配列の先頭が1番目であることから，1番目が0 Hz の成分であることは予想しやすい。2番目以降は，信号長が N サンプルであることから，信号が NT 秒の周期であることに着目する。スペクトルも N サンプルであるため，0から標本化周波数までを N で分割していると解釈すると，以下のように計算できる。

```
>> w=(0:length(x)-1)'*fs/length(x);
```

スペクトルの表示は，こうして得られた周波数軸に相当する変数を用いて行う。今回の例では，10 Hz 周辺を表示するため set 関数で横軸の表示幅を調整している。

```
>> plot(w,abs(X));
>> set(gca,'xlim',[0 50]);
```

こちらであれば，横軸は Hz を単位とする周波数となる。

　この例では信号長が2のべき乗ではないが，fft 関数は，現実的な長さであればあらゆる信号長の信号を許容して適切に動作する。高速フーリエ変換の恩恵を最大限享受するためには，信号長を2のべき乗にするための処理が必要となる。つぎの例では引き続き正弦波を解析するが，この処理について含めた内容とする。

4.1.3　ゼロ埋めによる信号長の調整

　ゼロ埋めは，高速フーリエ変換によるスペクトル解析の基本的な工夫である。図 **4.1** は，図 (a) 1秒の信号と，図 (b) 65 536 サンプルとなるよう図 (a) にゼロ埋めした信号を示す。標本化周波数を 44 100 Hz に設定しているため，1秒の信号の信号長は 44 100 サンプルである。ゼロ埋めは，信号長以上である2のべき

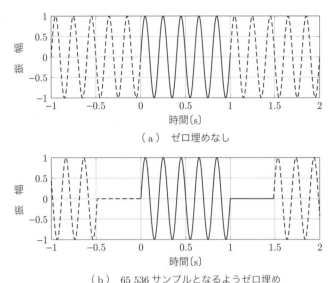

（a） ゼロ埋めなし

（b） 65 536 サンプルとなるようゼロ埋め

図 **4.1** ゼロ埋めをしない波形と 65 536（2^{16}）サンプル
になるようゼロ埋めした波形の差

乗であれば構わないが, 特に理由がない限りは最短となるようにする。図 4.1 では,
2^{16} である 65 536 サンプルとなるようにゼロを埋めており, 結果 65 536/44 100
で約 1.48 秒の周期となる。MATLAB の fft 関数が, 2 番目の引数でゼロ埋め
を行うことが可能である。以下が対応したプログラムとなる。

```
>> fs=44100;
>> t=(0:fs-1)'/fs;
>> f=5;
>> x=sin(2*pi*f*t);
>> fft_size=2^ceil(log2(length(x)));
>> X1=fft(x);
>> X2=fft(x,fft_size);
```

fft_size が, 高速フーリエ変換を実施する信号長に対応する。なお, 以下で
は高速フーリエ変換を行う信号長として FFT 長という単語を用いる。fft 関数
は, 2 番目の引数を FFT 長として高速フーリエ変換を実施する。信号長より
も長ければゼロ埋めが行われ, 短い場合ははみ出した時間の信号を切り捨てる。

ceil 関数は，切り上げ処理に対応する関数である。`fft_size` を算出する演算は，信号長以上であり最短となる 2 のべき乗を算出するために役立つ。また，ceil 関数に加え，関連する関数として切り捨てを行う **floor 関数**や最も近い整数への丸めを行う round 関数をセットで覚えておくと便利である。

ゼロ埋めによる結果を確かめるため，振幅スペクトルを表示してみよう。

```
>> w=(0:fft_size-1)'*fs/fft_size;
>> plot(w,abs(X2));
>> set(gca,'xlim',[0 50]);
```

ここで，`w` の計算は，FFT 長に対して計算するように修正している。このように，`fft_size` を計算する方法を習得しておけば，任意の信号長の入力に対しつねに適切な FFT 長でのスペクトル解析が実現できる。

図 **4.2** は，異なる FFT 長により得られた振幅スペクトルの差である。注目すべき点は，両振幅スペクトルにおける振幅の大きさである。MATLAB の fft 関数

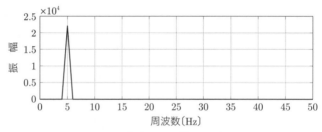

（a） FFT 長：44 100

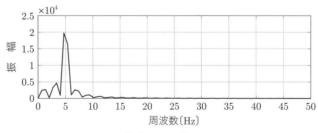

（b） FFT 長：65 536

図 **4.2** 同じ信号に対して異なる FFT 長で計算した
振幅スペクトル

では，逆変換時に $1/N$ し順変換では係数を乗じない仕様のため，計算結果は FFT 長の半分である 22 050 となっている。図 (b) では，w(8) が 4.71 Hz で w(9) が 5.38 Hz のため 5 Hz ちょうどの値は得られておらず，5 Hz の周辺の周波数においてなんらかの振幅を有するように見える。このように，本来の周波数以外に振幅が生じることによる誤差を**漏れ誤差**と呼ぶ。漏れのことは leakage（リーケージやリーケッジ）と表現するため，リーケージエラー（leakage error）とも呼ぶ。

4.1.4 パーセバルの定理による漏れ誤差の解釈

一般的に，解析信号にはどのような周波数成分が含まれるかわからず，計算機上では任意の区間を切り出してスペクトル解析を実施する。収録された信号に含まれるすべての周波数成分が切り出す周期と一致するとは限らないため，漏れ誤差は避けがたいものである。**窓関数**（window function）は，この誤差の影響を目的に応じてある程度制御できる便利な手段である。この方法については，6 章で具体的に解説する。

パーセバルの定理（Parseval's theorem）は，時間領域の信号と周波数領域のスペクトルとの関係を示す重要な定理である。端的にいえば，入力信号に対する振幅の二乗（パワー）の総和と，パワースペクトルの平均が一致するというものである。

$$\sum_{n=0}^{N-1} |x[n]|^2 = \frac{1}{N} \sum_{k=0}^{N-1} |X[k]|^2 \tag{4.4}$$

この定理を先ほどの信号とスペクトルを用いて検証するプログラムが以下である。

```
>> fprintf('%.2f\n',sum(x.^2));
>> fprintf('%.2f\n',sum(abs(X1).^2)/length(X1));
>> fprintf('%.2f\n',sum(abs(X2).^2)/fft_size);
```

上から順番に，入力信号 x のパワーの総和，FFT 長 44 100 サンプルで計算したパワースペクトルの平均，FFT 長 65 536 サンプルで計算したパワースペクトルの平均に対応する。パーセバルの定理は，FFT 長をゼロ埋めにより変化さ

せても信号のパワーは変化せず，パワースペクトルの平均も変化しないことを
示す。5 Hz の正弦波の解析において 5 Hz のパワーを計算できれば漏れ誤差は
生じないが，$X[k]$ は FFT 長と標本化周波数により必ずしも 5 Hz ちょうどの
パワーを計算できない。この場合，漏れ誤差として 5 Hz の周辺にパワーが分散
し，漏れ誤差すべての平均を求めることで，信号のパワーと一致することとな
る。なお，この場合のパワーは 5 Hz に近いほど大きく離れるほど小さくなるた
め，大局的に 5 Hz 周辺にパワーの集中する成分があることは予測できる。

　パーセバルの定理には信号のパワーをパワースペクトルから算出できるとい
う特徴があり，これは時間信号から求めるよりも柔軟な対応が可能であること
を示す。一例として，10 Hz と 100 Hz の正弦波の和から構成される信号解析を
見てみよう。

```
>> fs=44100;
>> t=(0:fs-1)'/fs;
>> f1=10;
>> f2=100;
>> r1=1;
>> r2=2;
>> x1=r1*sin(2*pi*f1*t);
>> x2=r2*sin(2*pi*f2*t);
>> x=x1+x2;
>> X=fft(x);
```

以下のプログラムにより，x1 のパワーの総和と x2 のパワーの総和を加算した
結果が，x のパワーの総和と一致することが確認できる。

```
>> fprintf('%.2f\n',sum(x1.^2));
>> fprintf('%.2f\n',sum(x2.^2));
>> fprintf('%.2f\n',sum(x.^2));
```

観測された信号が x のみの場合，信号のパワーは計算できるものの，どの周波数
成分がどの程度のパワーを持っているかの分離は不可能である。そこで，$X[k]$
のすべてを対象に平均を算出するのではなく，一定の周波数範囲について平均を
求めることにより，大まかにどの周波数帯域にどの程度のパワーが存在するか

を解析できるようになる。スペクトル領域で実施する周波数帯域のパワー解析
では，単一の周波数のパワーをそのまま用いるのではなく，漏れ誤差の影響を加
味し，周辺を含めてある程度の範囲で計算することで大まかな傾向を確認する
のが一般的である。例えば，今回の場合は二つの正弦波が 10 Hz と 100 Hz に
あるため，その周辺を含めてデシベル単位のパワーを算出すると以下となる。

```
>> p1=20*log10(sum(abs(X(1:20))));
>> p2=20*log10(sum(abs(X(91:110))));
```

ここで，p1 と p2 の値を表示するとおおむね 6 dB の差であることが確認でき
る。平均ではなく和で計算しているが絶対値の議論には意味がなく，「10 Hz 周
辺と 100 Hz 周辺のパワーの差はおおむね 6 dB である」と解釈する。この結果
は，r1 と r2 の振幅比から定まるデシベル単位での差とほぼ一致する。このよ
うに，厳密な周波数によるパワーの差ではなく，ある程度の帯域により解析す
ることで漏れ誤差の影響を緩和することが可能になる。今回は和を求める帯域
を適当に決めているが，実際には帯域の上限・下限周波数に相当する離散周波
数番号を計算し，その範囲で計算することが望ましい。

4.2 位相スペクトル解析の例

　スペクトルは振幅スペクトルと位相スペクトルからなるが，歴史的には振幅
（パワー）スペクトルの解析が中心に行われてきた。これには，人間の聴覚はパ
ワーに敏感であり位相には鈍感であるという説明がなされてきた。実際には位
相を適切に制御すれば音の違いとして明確に弁別できるため，位相にも知覚に
与える影響が十分にある。よって位相解析も重要ではあるが，位相は複素数を
極座標表示した際の角度に相当するため，値が 2π の範囲に限定されるという
別の問題を考えなければならない。ここでは，いくつかの例題を用いて位相解
析の問題点を説明し，位相解析として比較的利用される**群遅延**（group delay）
について説明する。

4.2.1　単位インパルス関数を対象にした位相スペクトルの解析

位相解析では，正弦波ではなく単位インパルス関数の解析を例題とする。単位インパルス関数を $x[n]$ とすると，n が 0 の場合は 1，それ以外の n では 0 となる。この $x[n]$ を離散フーリエ変換の公式に代入すると

$$
\begin{aligned}
X[k] &= \sum_{n=0}^{N-1} x[n]e^{-i2\pi kn/N} \\
&= x[0]e^0 \\
&= 1
\end{aligned}
\tag{4.5}
$$

となる。スペクトルは周波数に依存せず同一の値であり，振幅は 1，位相は 0 となる。これは，離散フーリエ変換される区間により生じるすべての周波数の正弦波が同一の振幅を有することを意味する。続いて，単位インパルス関数を任意の時刻 m に遅延させた場合はどのように振る舞うか算出してみよう。この場合，入力信号を $x[n-m]$ として計算する。

$$
\begin{aligned}
X[k] &= \sum_{n=0}^{N-1} x[n-m]e^{-i2\pi kn/N} \\
&= x[m-m]e^{-i2\pi km/N} \\
&= e^{-i2\pi km/N}
\end{aligned}
\tag{4.6}
$$

パワースペクトルは m に依存せず全周波数について 1 となるが，位相スペクトルは変化する。これをプログラムで計算してみよう。

```
>> fs=8000;
>> x=zeros(fs,1);
>> m=1;
>> x(1+m)=1;
>> fft_size=2^ceil(log2(length(x)));
>> X=fft(x,fft_size);
```

m が遅延時間に対応する。標本化周波数を 8 000 Hz にしているが，これは図を表示する際に横軸の値が大きくなりすぎないようにする意図であり，これまで

利用してきた 44 100 Hz でも議論に影響はない。x(1) が時刻 0 に相当するため，プログラムの 4 行目には括弧内の数字を補正する 1 が加算されている。位相スペクトルは angle 関数により算出できるため，表示は以下のように行う。

```
>> w=(0:fft_size-1)'*fs/fft_size;
>> plot(w,angle(X));
```

図 **4.3** は，遅延時間 m が位相スペクトルに与える影響を示している。m サンプル（標本化周期 $T \times m$ 秒）の遅延は，0 から標本化周波数までの間に位相を $2\pi m$ 回転させる効果がある。位相は $-\pi$ から π の範囲で表現しているため，特定の周波数で $-\pi$ から π に跳躍することが確認できる。位相の跳躍は，今回の例のように位相を表現する範囲の制約上生じるものが代表的であるが，もう一つ，スペクトル $X[k]$ が原点 0 を通過する際にも生じる。例えば，$X[k]$ が $\alpha - k$ のように，実部のみを持ち k が α を上回ったタイミングで正負が反転する場合が該当する。振幅スペクトルは $|X[k]| = |\alpha - k|$ となるが，位相スペクトルは振幅の正負が反転するタイミングで π だけ跳躍することになる。このような跳

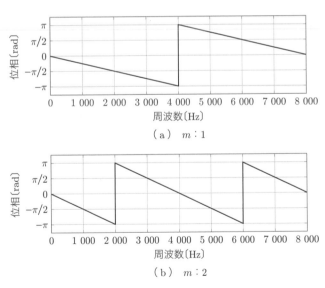

（a）　$m : 1$

（b）　$m : 2$

図 **4.3**　単位インパルス関数の遅延 m が 1, 2 の場合の
位相スペクトル

躍の存在が，位相を解析する際には大きな障害となる。解決策はいくつかあり，**位相のアンラップ**（phase unwrapping）か，群遅延と呼ばれる位相に関連する別のパラメータを用いることが現実的である。

4.2.2 位相のアンラップ

位相のアンラップは，前述した位相の跳躍を検出し，補正するための処理である。図 **4.4** は，図 4.3 に位相のアンラップを施した結果を示している。遅延 m が，周波数の変化に対する位相の回転速度に影響を与えていることが確認できる。基本的に位相の跳躍は π 以上となるため，$X[k]$ と $X[k+1]$ の位相差が π 以上となった際に，$k+1$ 番目以降の位相が滑らかになるよう係数を加算する。2 番目の引数に値を指定することで，任意の値を規定値に設定することが可能である。**unwrap 関数**は位相のアンラップを実施する関数であり，アンラップした位相として表示するプログラムは以下となる。

```
>> plot(w,unwrap(angle(X)));
```

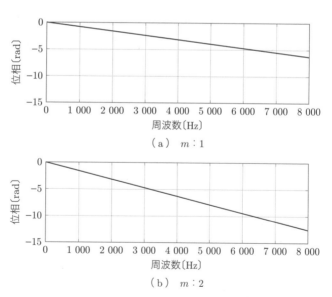

（a）　$m:1$

（b）　$m:2$

図 **4.4**　位相のアンラップ処理を施した結果

unwrap 関数は FreeMat には実装されておらず実装も少々複雑なので，関連する例題については図を見て理解するようにしてほしい。位相のアンラップ処理は前後のフレームによる位相差で判定されるため，FFT 長が短く k と $k+1$ 番目の周波数差が大きい場合において，適切なアンラップがなされないこともある。

4.2.3 位 相 遅 延

単位インパルス関数の時間シフト量が各周波数の位相の差として観測されることは，これまでのプログラムにより示されている。時間シフトが位相の変化になることは，スペクトル解析に離散フーリエ変換を用いる以上避けがたいが，各周波数の遅延時間として表現できたほうが理解しやすい。各周波数成分の遅延を位相ではなく時間として表現するための方法が存在し，その一つが **位相遅延**（phase delay）である。位相遅延の説明の前に，正弦波の位相と遅延時間との関係を説明する。

図 **4.5** は，遅延が存在しない単位インパルス関数と，単位インパルス関数を 0.1 秒遅延させた信号である。図中の三つの正弦波は，0 Hz を除く周波数成分を低いほうから順番に重ねて表示したものである。単位インパルス関数のスペクトルはすべての周波数において 1 であり，これはすべての周波数における位相が 0 であることを示す。図 (a) に示すように，すべての周波数の位相が 0 であるため，時刻 0 における位相が 0 と揃っている。一方，図 (b) では信号全体を 0.1 秒遅延させており，すべての周波数成分が等しい時刻だけ遅延している。各周波数での遅延時刻は揃っているが，各周波数の位相変化量で考えると周波数により異なり，高い周波数ほど変化量が大きいことを確認できる。

時間的に遅延させた単位インパルス関数の位相スペクトルの図からも明らかに，時間の遅延は位相に対し一定の回転速度を与える。信号の時間遅延により変化する位相は，**直線位相**（あるいは線形位相。英名は linear phase）と呼ばれる。遅延時間と位相変化量は線形の関係があるため，遅延時間を算出するためには，位相のずれを周波数で除算すればよい。これを数式で示すと以下が得られる。

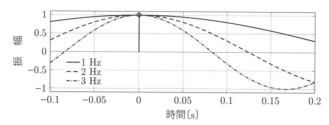

（a） 単位インパルス関数を構成する三つの正弦波

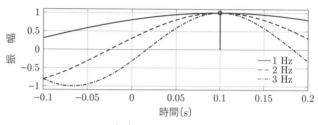

（b） 0.1 秒遅延させた場合

図 **4.5**　パルスの遅延が各周波数の位相に与える影響

$$\tau_p[k] = -\frac{\varphi[k]}{2\pi k f_s/N} \tag{4.7}$$

ここで，右辺の分母については，スペクトルの k 番目が何 Hz に相当するかに対する補正項と，周波数を角周波数に変換する項として 2π が存在する。後者については，1 Hz の正弦波を 1 秒遅延させた場合の回転角度が 2π になり，これが 2 Hz だと 4π になる。周波数が n〔Hz〕の正弦波における 1 秒の遅延は，$2\pi n$ の回転に相当すると考えると補正項の意味を理解しやすいだろう。

これをプログラムで検証すると以下となる。

```
>> fs=44100;
>> fft_size=65536;
>> x=zeros(fft_size,1);
>> x(2)=1;
>> X=fft(x,fft_size);
>> w=(0:fft_size-1)'*fs/fft_size;
>> phase_delay=-unwrap(angle(X))./(2*pi*w);
>> plot(w,phase_delay*fs);
```

plot 関数では位相遅延に fs を乗じているが，これは縦軸の単位を秒からサンプルに変更するためである。x(1) は時刻 0 における振幅値であるため，x(2)は 1 サンプル（1/fs 秒）遅延させていることになる。この例では，すべての周波数において 1 が表示されていれば正しく動作している。

4.2.4 群　遅　延

　群遅延は，位相遅延と同様に各正弦波の遅延時間に相当する特徴を持つスペクトル表現である。群遅延の定義上，スペクトルが離散的である $X[k]$ から求める際には工夫が必要である。この工夫を説明するため，これまで説明を避けてきたフーリエ変換について最低限の説明を加える。ここまで本書を読んだ読者を想定した乱暴な説明であることは，事前にご理解いただきたい。

　離散フーリエ変換により得られるスペクトルは $X[k]$ であり，離散周波数番号 k により定まる周波数からなる離散的なスペクトルとして表現していた。これは，特定の区間において周期的であるという条件を満たす周波数は離散的であるという条件に由来する。ここで，連続信号の周期と構成する周波数の間隔について整理しよう。これまで説明したように，1 秒の周期では 0, 1, 2, 3 Hz の正弦波で構成されることになり，これが 2 秒では 0, 0.5, 1, 1.5 Hz となる。すなわち，離散周波数間の幅が，周期に反比例して狭くなることを意味する。

　連続信号の周期を無限大に近づけた結果は，あらゆる周波数に対するスペクトルが計算できる，すなわちスペクトルは離散的ではなく連続的なものとして与えられると解釈できる。この解釈で連続的なスペクトル $X(\omega)$ を角周波数 ω の関数と見なすと，以下の式により与えられる。

$$X(\omega) = \int_{-\infty}^{\infty} x(t)e^{-i\omega t}dt \tag{4.8}$$

これが，連続信号を対象としたフーリエ変換の公式である。繰り返しになるが，これは周期を有さない連続信号のスペクトル解析では，連続的なスペクトルが得られるという特徴を伝えるための乱暴な説明である。プログラムでは，連続信号に対して導出した結果を離散化して実装することになる。

群遅延の説明に連続スペクトルが必要である理由は，定義式に連続的なスペクトル $X(\omega)$ の周波数微分を求める演算が含まれるためである。具体的に，群遅延 $\tau_g(\omega)$ は，以下の式により与えられる。

$$\tau_g(\omega) = -\frac{d\varphi(\omega)}{d\omega} \tag{4.9}$$

ここで，位相スペクトルを $\varphi(\omega)$ として記述している。以下では，振幅・位相などのスペクトルの周波微分については，記号 $'$ を用いて記述する。

$$\varphi'(\omega) \equiv \frac{d\varphi(\omega)}{d\omega} \tag{4.10}$$

計算機上で実装する際には，微分を差分で近似する方法が簡単な対応となるが，そのためには位相のアンラップが必要である。位相のアンラップについては問題が生じることもこれまで説明してきたため，本書では位相のアンラップが不要な方法を説明する。

まずは，群遅延が位相スペクトルの周波数微分であることと，複素数であるスペクトルの位相が逆正接 $\tan^{-1}$ により求められるところから式を展開する。スペクトル $X(\omega)$ は，実部と虚部との和として $X_r(\omega) + iX_i(\omega)$ で構成されるものとする。

$$\begin{aligned}
-\frac{d\varphi(\omega)}{d\omega} &= -\frac{d}{d\omega}\tan^{-1}\left(\frac{X_i(\omega)}{X_r(\omega)}\right) \\
&= -\left(\frac{X_i(\omega)}{X_r(\omega)}\right)' \frac{1}{1 + \frac{X_i^2(\omega)}{X_r^2(\omega)}} \\
&= -\frac{X_r(\omega)X_i'(\omega) - X_r'(\omega)X_i(\omega)}{X_r^2(\omega)} \frac{X_r^2(\omega)}{|X(\omega)|^2} \\
&= \frac{X_r'(\omega)X_i(\omega) - X_r(\omega)X_i'(\omega)}{|X(\omega)|^2}
\end{aligned} \tag{4.11}$$

この式により位相スペクトルの周波数微分は計算せずに済むが，スペクトル $X(\omega)$ の周波数微分 $X'(\omega)$ を求める方法が必要になる。こちらは，フーリエ変換の公式の両辺を周波数微分することで求めることが可能である。

$$X'(\omega) = \left(\int_{-\infty}^{\infty} x(t) e^{-i\omega t} dt \right)' \tag{4.12}$$

周波数微分であることは，時間 t の関数 $x(t)$ の微分を 0 として扱えることを意味する。よって，$x(t)e^{-i\omega t}$ の周波数微分は

$$\frac{d}{d\omega} x(t) e^{-i\omega t} = -it x(t) e^{-i\omega t} \tag{4.13}$$

となる。つまり，解析対象となる信号 $x(t)$ に $-it$ を乗じてフーリエ変換を求めることにより，スペクトルの周波数微分を求めることが可能である。計算機上で群遅延を計算する際は，この特徴を活用する。

以下のプログラムは，信号の生成から群遅延 tau_d を計算するまでの記述である。

```
>> fs=44100;
>> fft_size=65536;
>> x=zeros(fft_size,1);
>> x(2)=1;
>> t=(0:length(x)-1)';
>> X=fft(x,fft_size);
>> Xd=fft(-1i*t.*x,fft_size);
>> tau_d=(real(Xd).*imag(X)-real(X).*imag(Xd))./abs(X).^2;
```

今回は，任意の時刻に遅延させた単位インパルス関数の群遅延を計算している。位相遅延と同様に x(1) が時刻 0 における振幅のため，x(2) は時刻 1 における振幅に対応する。t をサンプル単位として与えているため，計算結果もサンプル単位で表示される。なお，t の先頭は 0 にしているが，これを任意の時刻からに変更することは可能であり，これは群遅延全体をシフトさせる効果がある。今回の計算結果に対して以下のプログラムを実行すれば，すべての周波数において 1 が表示されるはずである。

```
>> w=(0:fft_size-1)'*fs/fft_size;
>> plot(w,tau_d);
```

tau_d/fs と標本化周波数で割ることにより，単位を秒に変換できる。なお，

FreeMat では plot 関数でフリーズする場合があり，その場合は float(tau_d) で変換してから表示すれば適切に動作するはずである。

位相遅延と群遅延は，どちらも遅延時間に相当するスペクトルを求める演算である。おもな違いは，位相遅延は各周波数単独で計算可能であることに対し，群遅延は位相スペクトルの周波数微分という周波数に対する位相の変化量を求めている点にある。群遅延の計算は実装の工夫によりアンラップの問題を回避できるが，位相遅延については位相のアンラップの影響を受けることにも注意が必要である。

4.3　スペクトルから算出する平均時間と持続時間

群遅延の実装では，連続信号のフーリエ変換を出発点に導出を工夫することでアンラップの問題を回避している。群遅延は，ほかの特徴を計算するためにも利用される便利なパラメータである。群遅延を計算に用いる具体的な例として，2章で説明した平均時間と持続時間を紹介する。

4.3.1　平均時間の算出

2章で説明した平均時間と持続時間は，スペクトルからも計算することが可能である。まずは平均時間について，時間軸上で与えられる定義を再度確認する。信号のエネルギーが1であることを条件に，平均時間は以下の式で与えられる。

$$\langle t \rangle = \int_{-\infty}^{\infty} t|x(t)|^2 dt \tag{4.14}$$

この式はスペクトル領域では以下となる。具体的な導出は割愛するが，興味がある読者は導出に挑戦してみてほしい。プランシュレルの定理を活用し，スペクトルの周波数微分を $X(\omega) = |X(\omega)|e^{i\varphi(\omega)}$ と極座標での表現にして計算することで導出可能である。

$$\langle t \rangle = -\int_{-\infty}^{\infty} \varphi'(\omega)|X(\omega)|^2 d\omega \tag{4.15}$$

この式は，パワーで重み付けした群遅延の積分が，平均時間に対応することを示す。群遅延は位相の周波数微分という定義上，パワーが小さい場合は相対的に位相の回転速度が速いため，大きな値として観測される。さまざまな信号に対し群遅延を計算すると，特にスペクトルが 0 付近を通過する場合に，群遅延の絶対値は極端に大きな値となる。

　入力信号とスペクトルからそれぞれ平均時間を求め，値がおおむね一致することを確認してみよう。初めに，信号から平均時間を求めるプログラムは以下である。

```
>> fs=44100;
>> N=22050;
>> x=randn(N,1);
>> energy=sum(x.^2)/fs;
>> x=x/sqrt(energy);
>> t=(0:length(x)-1)'/fs;
>> t_c1=sum(t.*x.^2)/fs;
```

続いて，以下のプログラムによりスペクトルから平均時間を求める。連続スペクトルでの積分範囲は，離散スペクトルの場合は FFT 長のサンプル数分となる。

```
>> fft_size=2^ceil(log2(length(x)));
>> X=fft(x,fft_size);
>> Xd=fft(-1i*t.*x,fft_size);
>> tau_d=(real(Xd).*imag(X)-real(X).*imag(Xd))./abs(X).^2;
>> t_c2=sum(tau_d.*abs(X).^2)/fs/fft_size;
```

t_c1 と t_c2 を小数点以下 20 桁まで表示すると，15 桁程度まで一致していることが確認できる。今回の場合，信号長を 0.5 秒のホワイトノイズとしているので，平均時間は約 0.25 秒になる。乱数のため毎回結果は異なるが，複数回実行して算出結果の平均値を求めると，0.25 に収束していく。

4.3.2　持続時間の算出

　平均時間と同様に，持続時間についても検証していこう。持続時間は 2 章で示したように，以下の式で定義される。

$$\sigma_t^2 = \int_{-\infty}^{\infty} (t - \langle t \rangle)^2 |x(t)|^2 dt \tag{4.16}$$

こちらも，平均時間よりも複雑な導出となるため割愛するが，最終的には以下のように，スペクトルからも計算可能である。

$$\sigma_t^2 = \int_{-\infty}^{\infty} A'^2(\omega) d\omega + \int_{-\infty}^{\infty} (\varphi'(\omega) + \langle t \rangle)^2 A^2(\omega) d\omega \tag{4.17}$$

ここで，$A(\omega)$ は振幅スペクトルに対応する。この数式をプログラムとして実装するためには，振幅スペクトルの周波数微分である $A'(\omega)$ をどのように計算するかが重要となる。群遅延を計算する際にスペクトル $X(\omega)$ の周波数微分 $X'(\omega)$ を求めたので，$X(\omega)$ と $X'(\omega)$ を使って $A'(\omega)$ を導出する。

まず，$A(\omega)$ が定義上振幅スペクトル $|X(\omega)|$ と同じであることから，以下が与えられる。

$$A(\omega) = \sqrt{X_r^2(\omega) + X_i^2(\omega)} \tag{4.18}$$

ここで右辺の平方根の中身を $X_x(\omega)$ とすると，$A(\omega) = \sqrt{X_x(\omega)}$ が得られる。$\sqrt{X_x(\omega)}$ の周波数微分を計算すると以下が得られる。

$$\frac{d\sqrt{X_x(\omega)}}{d\omega} = \frac{1}{2} \frac{X_x'(\omega)}{\sqrt{X_x(\omega)}} \tag{4.19}$$

続いて $X_x'(\omega)$ を計算すると以下となる。

$$X_x'(\omega) = 2X_r(\omega)X_r'(\omega) + 2X_i(\omega)X_i'(\omega) \tag{4.20}$$

これらの結果から，最終的に $A'(\omega)$ は以下となる。

$$A'(\omega) = \frac{X_r(\omega)X_r'(\omega) + X_i(\omega)X_i'(\omega)}{|X(\omega)|} \tag{4.21}$$

平均時間と同様に，入力信号から求めた持続時間とスペクトルから求めた持続時間とを比較する。まずは，信号から求めるプログラムを以下に示す。

```
>> fs=44100;
>> N=22050;
>> x=randn(N,1);
```

```
>> energy=sum(x.^2)/fs;
>> x=x/sqrt(energy);
>> t=(0:length(x)-1)'/fs;
>> t_c=sum(t.*x.^2)/fs;
>> sigma_t1=sum((t-t_c).^2.*x.^2)/fs;
```

続けて，スペクトルから求めるプログラムを以下に示す。

```
>> fft_size=2^ceil(log2(length(x)));
>> X=fft(x,fft_size);
>> Xd=fft(-1i*t.*x,fft_size);
>> tau_d=(real(Xd).*imag(X)-real(X).*imag(Xd))./abs(X).^2;
>> d1=((real(X).*real(Xd)+imag(X).*imag(Xd))./abs(X)).^2;
>> d2=(-tau_d+t_c).^2.*abs(X).^2;
>> sigma_t2=(sum(d1)+sum(d2))/fft_size/fs;
```

以下のプログラムで sigma_t1 と sigma_t2 を表示してみると，おおむね一致する結果が得られるはずである。

```
>> fprintf('%.20f\n',sigma_t1);
>> fprintf('%.20f\n',sigma_t2);
```

このように，信号から計算する時間に関係するパラメータの一部は，周波数領域であるスペクトルからも求めることが可能である。

4.3.3　スペクトル解析に基づく解釈

　これまで説明したように，平均時間と持続時間は時間軸の信号に対するパラメータであるが，スペクトルからも求められる。これは，同じパラメータを異なる視点から解釈できることを意味し，信号を解析する際により深い考察を可能にする。

　平均時間については，スペクトルの式からパワーで重み付けした群遅延の積分で得られる。強いパワーを有する周波数帯域の群遅延が重要であるといわれれば直感的にも納得しやすいが，このような数式によりその感覚が正しいという裏付けを得ることができる。また，例えば周波数が大きく異なる二つの音源

が同時に収録されている場合，スペクトルの積分範囲を調整することにより，二つの音源それぞれの平均時間を求めることが可能である。この特性は，時間軸における定義からは得られない，スペクトルから求める固有の利点である。パワーの計算でも同様の特徴があり，特定の周波数帯域にどの程度のパワーがあるかを調べることができる。**オクターブバンド分析**（octave band analysis）は，この特徴を利用した解析法であり，7 章で詳細を説明する。

　持続時間は，スペクトルから算出する数式上，二つの項（プログラムにおける **d1** と **d2**）の和により与えられる。**d1** は，振幅スペクトルの周波数微分，すなわち振幅スペクトルが周波数に対して急峻に変化する場合に大きな値を示す。**d2** では，積分記号内の式である $(\varphi'(\omega) + \langle t \rangle)^2 A^2(\omega)$ の解釈が重要である。パワーで重み付けしていることは平均時間と同様であるが，左の括弧内は二乗するため，群遅延から平均時間を減算したものと等価である。平均時間はパワーで重み付けした群遅延に対する積分であることから，群遅延におけるバイアス成分を取り除いて二乗し，パワーで重み付けした結果の積分が 2 番目の項である。つまり，パワースペクトルの周波数微分に関する項と，位相スペクトルに関する項が独立して存在していることが持続時間の特徴といえる。

4.4　スペクトル重心

　信号解析では，解析対象がどのような信号であるかを見定めてから解析手段を検討するのが定石である。例えば観測信号が任意の周波数を有する正弦波であり，その正弦波とそれ以外で信号を分類しようとする場合，パワースペクトルのピークとなる周波数を特徴量とすれば実現できるという予測が立てられる。目的に応じた特徴量の算出法を知っていることが重要であり，それらの知識を活用し必要に応じて新たな特徴量を作ることが，信号解析のスキルとなる。信号の特性に応じたさまざまな解析法は 7 章で説明することにして，ここでは音色に関する特徴量であり単純な実装では結果が真値と一致しない例として，**スペクトル重心**（spectral centroid）を紹介する。

スペクトル重心は，音の明るさ（brightness）に対応するといわれている。算出するための計算式は，以下である。

$$\text{Centroid} = \frac{\displaystyle\sum_{k=0}^{N/2} f[k]|X[k]|}{\displaystyle\sum_{k=0}^{N/2} |X[k]|} \tag{4.22}$$

N は FFT 長に対応し，$f[k]$ は離散周波数番号 k に対応する周波数である。高速フーリエ変換を前提にすれば N は偶数であるため，$N/2$ は整数であることが保証できる。振幅スペクトルの重心であるため，高域のパワーが強いほどスペクトル重心も高くなる傾向にある。ピーク検出のように局所的なパワーに強く依存する指標ではないが，振幅スペクトル全体から明るさに対応する指標を検出できるシンプルな指標である。

今回は 0 Hz からナイキスト周波数までの範囲で計算しているが，この範囲を変えて計算することも可能である。例えば低域に強い雑音を含む環境で収録した場合，下限となる周波数を変更し雑音のパワーが計算に含まれないようにすることもできる。これらの調整については，解析対象となる音源がどの帯域に，雑音がどの帯域に存在するかなど，信号に関する情報を把握して実施することで計算精度を高めることになる。ただし，事前の確認に不備がある場合は逆に誤差の拡大や，あるいは間違った結論を導く可能性がある。信号に対する特性を見極めて適切な解析手段を講じる知識がなければ，解析法を独自にアレンジすることは難しい。

スペクトル重心を求めるプログラムは以下となる。

```
>> fs=44100;
>> t=(0:fs-1)'/fs;
>> f=1000;
>> x=sin(2*pi*f*t);
>> fft_size=65536;
>> X=fft(x,fft_size);
>> X=abs(X(1:fft_size/2+1));
```

```
>> w=(0:fft_size/2)'*fs/fft_size;
>> spectral_centroid=sum(w.*X)/sum(X);
```

ここで，`w` が $f[k]$ に対応し，`spectral_centroid` が計算されたスペクトル重心である。今回は，1 kHz の正弦波であるため，理想的なスペクトル重心は 1 kHz になるはずである。しかし，実際に結果を表示してみると，真値とは異なる値になることが確認できる。これはプログラムのバグではなく，高速フーリエ変換を用いた信号解析でしばしば生じる落とし穴である。この原因と解決法については，5 章で説明する。現段階では，信号解析の実装結果は真値が明確な信号でテストし，適切に実装できていても真値と一致しない場合があることを知っていれば十分である。

5. 窓 関 数

　計算機に取り込まれた離散信号のスペクトル解析では，連続信号を対象とした数式をそのまま実装できたとしても，つねに数式が導く結果と一致するとは限らない。その一つが4章の最後で述べたスペクトル重心の計算における誤差であるが，このような問題はさまざまな解析法の実装において顕在化する。根本的な問題の一つに，離散フーリエ変換の制約で生じる1周期分の信号が無限に繰り返すと仮定することによる影響が挙げられる。離散フーリエ変換を行う以上この制約から逃れることはできないため，真値との誤差を減らすための工夫が求められる。窓関数は，信号を短い時間切り出してスペクトル解析を行う場合に使われる有力な工夫である。

5.1　窓関数による信号の切り出し

　窓関数による信号の切り出しを，全時刻中における有限範囲の信号のみ取り出す操作だと考えれば，正弦波を1秒分取り出すという例題で，すでに窓関数を利用しているといえる。まずは，この信号を切り出すことによる問題点を整理し，その後，どのようなアプローチで問題を解決するかを説明しよう。

5.1.1　離散フーリエ変換の周期性に起因する問題

　離散フーリエ変換は，信号が周期的であることを仮定しているため，設定した周期の外側では1周期分の信号が無限に繰り返されているという前提で計算している。これは，その周期の逆数により与えられる周波数，およびその周波数の整数倍の周波数を有する正弦波により入力信号が構成されていることを示す。

この制約こそが，スペクトル解析の差となって表れる。

なぜ差が生じるかについて，**図 5.1** に例を示して説明しよう。図 (a) は 3 Hz の cos 波であり，図 (b) は 3.5 Hz の cos 波である。離散フーリエ変換における周期を 1 秒に設定しているため，3 Hz の場合は正弦波の周期と離散フーリエ変換の周期は一致するが，3.5 Hz では一致しない。周期が一致していない場合，信号の開始・終了地点での振幅が跳躍しており，これが周期信号としての性質を変化させる。この変化が，3.5 Hz の cos 波を 1 秒の周期でスペクトル解析することに影響を及ぼす。

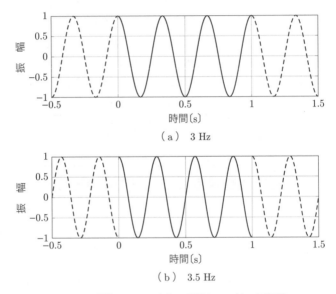

（a） 3 Hz

（b） 3.5 Hz

図 5.1 離散フーリエ変換の周期と cos 波の周期が
一致する例としない例

まずは，両信号のスペクトルを算出してみよう。以下のプログラムでは，周期 1 秒でそれぞれの信号を生成し，周期 1 秒のまま離散フーリエ変換を行っている。

```
>> fs=8000;
>> t=(0:fs-1)'/fs;
>> f1=3;
>> f2=3.5;
```

```
>> x1=cos(2*pi*f1*t);
>> X1=abs(fft(x1))/length(x1);
>> x2=cos(2*pi*f2*t);
>> X2=abs(fft(x2))/length(x2);

>> w=(0:length(t)-1)'*fs/length(t);
>> subplot(2,1,1);
>> stem(w,X1);
>> set(gca,'xlim',[0 10]);
>> subplot(2,1,2);
>> stem(w,X2);
>> set(gca,'xlim',[0 10]);
```

stem 関数は FreeMat には実装されていないため，>> plot(w,X1,'o') で代用する。plot 関数では，特に指定しなければ点と点との間を直線で結んで表示するが，3 番目の引数により点と点を線で繋がずに，各点を丸記号で表示するよう指定している。

　結果は，図 **5.2** の中で丸印として表示される部分である。3 Hz の場合は，これまで議論したように 3 Hz 以外の周波数の振幅が 0 になることがわかる。一方，3.5 Hz では本来 3.5 Hz の周波数成分しか存在しないが，周期が 1 秒であり入力信号の周波数と一致しない場合，異なる周波数で振幅が観測されている。破線は，それぞれの信号にゼロ埋めを実施し，FFT 長を 2^{17} まで延長した場合のパワースペクトルである。この例では，ゼロ埋めによる効果を見やすくするため，標本化周波数を 8 000 Hz に設定した。その結果，約 0.06 ($8\,000/2^{17}$) Hz ごとに振幅値が与えられることになる。それぞれのスペクトルを計算し表示するプログラムを以下に示す。

```
>> fft_size=2^17;
>> X1=abs(fft(x1,fft_size))/length(x1);
>> X2=abs(fft(x2,fft_size))/length(x2);

>> w=(0:fft_size-1)'*fs/fft_size;
>> subplot(2,1,1);
```

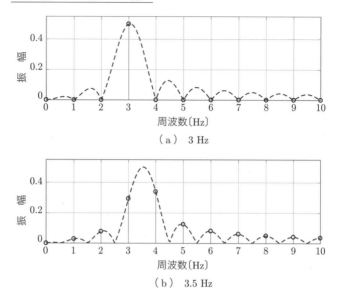

（a）　3 Hz

（b）　3.5 Hz

図 5.2　3 Hz と 3.5 Hz の cos 波から 1 秒分切り出した
結果の振幅スペクトル

```
>> plot(w,X1,'k--');
>> set(gca,'xlim',[0 10]);
>> subplot(2,1,2);
>> plot(w,X2,'k--');
>> set(gca,'xlim',[0 10]);
```

　離散フーリエ変換は離散的なスペクトルを与え，plot 関数では離散的なスペクトルを直線で繋いで表示していたが，実はこれは誤解を与えかねない表示である。離散周波数の間は直線ではなく，図中の破線のように別の振る舞いをしている。破線に示すように連続的に変化しているスペクトルから特定の周波数ごとの値を取り出す操作が，離散フーリエ変換であると解釈できる。ゼロ埋めする時間をさらに伸ばすことで破線のスペクトルはさらに滑らかになるが，大局的な形状は変化しない。これは，fft 関数の 2 番目の引数にさらに大きな値を指定してスペクトルを表示することで確認できる。

　今回の場合，解析対象となる信号は 0 から 1 秒の区間のみであり，この区間

のみの信号から算出される連続的なスペクトルは破線に示す形状になる。離散フーリエ変換は，解析対象の周期を設定しその周期で信号が繰り返していると仮定しているが，これは破線で示される連続的なスペクトルを，周期に基づいて決定される 1 Hz という周波数間隔で離散化していると見なせる。図 5.2(a) では 3 Hz の前後にある 2, 4 Hz の振幅が 0 であり，これは，離散フーリエ変換の説明で示した内容と矛盾しない。

5.1.2 窓関数による切り出しの数学的な解釈

特定の区間の信号を解析するということが数学的にどのように振る舞うかが，窓関数を用いた信号解析の考え方を示す基盤となる。ここでは，後の計算を簡単にするため，一旦連続信号を対象に説明を進める。

周期を有さない信号を $x(t)$ とし，その信号を 1 秒間切り出すという状況を考える。以下の計算を簡単にするため，切り出す時間を -0.5 から 0.5 秒に設定する。この場合，切り出された信号 $y(t)$ は，$x(t)$ と以下の信号 $w(t)$ との積で表現できる。

$$w(t) = \begin{cases} 1 & \text{if} \quad -0.5 < t < 0.5 \\ 0 & \text{otherwise} \end{cases} \tag{5.1}$$

すなわち，図 **5.3** に示すように，$y(t) = w(t)x(t)$ という関係が成立する。

つぎに計算するのは，$w(t)$ のスペクトルである。群遅延の説明で用いた連続信号に対するフーリエ変換の式により，$w(t)$ のスペクトル $W(\omega)$ を算出する。

$$\begin{aligned} W(\omega) &= \int_{-\infty}^{\infty} w(t) e^{-i\omega t} dt \\ &= \int_{-0.5}^{0.5} e^{-i\omega t} dt \\ &= \frac{1}{-i\omega} \left[e^{-i\omega t} \right]_{-0.5}^{0.5} \\ &= \frac{1}{-i\omega} \left(e^{-i0.5\omega} - e^{i0.5\omega} \right) \end{aligned}$$

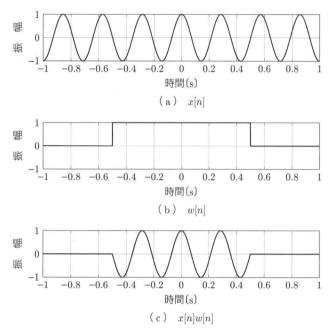

（a） $x[n]$

（b） $w[n]$

（c） $x[n]w[n]$

図 **5.3** 窓関数により信号を切り出すイメージ

$$= \frac{2}{\omega} \left(\frac{e^{i0.5\omega} - e^{-i0.5\omega}}{2i} \right)$$
$$= \frac{2}{\omega} \sin(0.5\omega)$$
$$= \frac{\sin(0.5\omega)}{0.5\omega} \tag{5.2}$$

最後の形は **sinc 関数**と呼び sinc(0.5ω) と表記する。sinc 関数は，sin 波と周波数に反比例して値が小さくなる関数との積であり，sinc$(0) = 1$ となる。

　離散フーリエ変換で設定した周期と合致しているという条件を満足する場合，$3.5\,\mathrm{Hz}$ の cos 波のスペクトルは，$\pm 3.5\,\mathrm{Hz}$ でのみ値を持つ。続いて考える項目は，時間軸において積で表現された二つの関数は，スペクトルにおいてどのような関係にあるかである。これは，勘が良い読者であれば，図 5.2 から予想できるのではないかと思う。結論を先にいえば，図 5.2 の図 (b) に示された破線

は，sinc 関数を ±3.5 Hz にシフトして加算した結果である。sinc 関数は偶関数
であるにもかかわらず 3 Hz と 4 Hz とで振幅が異なるが，これは，3.5 Hz にシ
フトした sinc 関数と −3.5 Hz にシフトした sinc 関数とが重なり合った影響で
ある。

　話を元に戻そう。$w(t)$ と $x(t)$ との積がスペクトル $W(\omega)$ と $X(\omega)$ に対して
どのような演算として表現されるかについては，**畳み込み定理**（convolution
theorem）により説明が可能である。畳み込み定理を一言でいえば，時間軸上
での畳み込み演算 $w(t) * x(t)$ により得られた信号のスペクトルは，個別に計算
したスペクトルの積 $W(\omega)X(\omega)$ と一致するという関係を示す定理である。時
間軸と周波数軸を逆にしても成立するため，$w(t)x(t)$ を離散フーリエ変換した
結果は $W(\omega) * X(\omega)$ となる。本筋からずれるため，離散信号の畳み込み定理
の証明は後ほど個別に紹介する。

　最後のポイントは，単位インパルス関数 $\delta(\omega - \omega_0)$ と任意のスペクトル $X(\omega)$
の畳み込みが

$$X(\omega) * \delta(\omega - \omega_0) = X(\omega - \omega_0) \tag{5.3}$$

とスペクトルの周波数シフトに相当することである。$W(\omega)$ が sinc 関数であり
$X(\omega)$ が ±3.5 Hz にシフトした単位インパルス関数であることから，−0.5 から
0.5 秒の範囲で切り出した 3.5 Hz の cos 波のスペクトルは，sinc 関数を ±3.5 Hz
にシフトして加算した結果である。上記は連続信号から求めた連続スペクトル
を対象にしており，離散フーリエ変換により得られるスペクトルは，連続的な
スペクトルを周期に基づいて決定される幅で離散化したものである。

5.1.3　離散信号に対する畳み込み定理

　畳み込み定理は連続信号，離散信号のどちらでも成立するが，本書では離散
信号に関する証明を紹介する。定理として覚えておけば実用上は問題ないため，
楽をしたい読者は飛ばしても構わない。

初めに，1章で説明した畳み込み和の式を再掲する。

$$y[n] = \sum_{m=-\infty}^{\infty} h[m]x[n-m] \qquad (5.4)$$

離散信号の畳み込み定理では，離散フーリエ変換によりスペクトルを求める必要があるため，両信号の信号長を N サンプルであるとする。すると，総和記号の範囲が，以下のように 0 から $N-1$ の N サンプルに限定される。

$$y[n] = \sum_{m=0}^{N-1} h[m]x[n-m] \qquad (5.5)$$

畳み込み定理を示すには，$y[n]$ を離散フーリエ変換した結果が $H[k]X[k]$ と一致することを示せばよい。ここでは，時間信号の畳み込みの離散フーリエ変換と周波数領域のスペクトルの両方を変形し，両方が一致する式を導出することで証明とする。時間軸の畳み込みの離散フーリエ変換から出発するため，離散フーリエ変換の式を以下に示す。

$$Y[k] = \sum_{n=0}^{N-1} y[n]e^{-i2\pi kn/N} \qquad (5.6)$$

この式の $y[n]$ に $x[n]$ と $h[n]$ との畳み込みの式を代入すると以下となる。

$$\sum_{n=0}^{N-1}\sum_{m=0}^{N-1} h[m]x[n-m]e^{-i2\pi kn/N} \qquad (5.7)$$

ここで，$n-m$ を u とすることで，$x[n-m]$ を $x[u]$ と表記する。これは，n に対する総和記号の範囲が変化することを意味するが，離散フーリエ変換において N サンプルの信号はその振幅を周期的に繰り返していると見なすことに着目する。1周期分の内容の総和を計算していることは，以下のように総和記号の範囲を与えても問題がないことを意味する。

$$\sum_{u=0}^{N-1}\sum_{m=0}^{N-1} h[m]x[u]e^{-i2\pi kn/N} \qquad (5.8)$$

このように，N サンプルの離散信号が繰り返しているという前提で実施する畳み込みは**巡回畳み込み**（circular convolution や cyclic convolution），あるい

は**循環畳み込み**と呼ぶ。1章で説明した畳み込みは，巡回畳み込みとは区別し**直線畳み込み**（linear convolution）と呼ぶ。両信号が N サンプルである場合，直線畳み込みでは畳み込み結果の信号長は $2N-1$ サンプルとなるが，巡回畳み込みでは N サンプルとなり結果が異なる。巡回畳み込みと直線畳み込みの結果は，両信号に $2N-1$ 以上となるようゼロ埋めを実施した後に巡回畳み込みを行うことで一致する。

最後に $n = u + m$ に着目し，最後の項を以下に置き換えることで，一旦式変形を完了とする。

$$\sum_{u=0}^{N-1}\sum_{m=0}^{N-1} h[m]x[u]e^{-i2\pi k(u+m)/N} \tag{5.9}$$

つぎに，二つの信号それぞれのスペクトルを計算する。

$$H[k] = \sum_{m=0}^{N-1} h[m]e^{-i2\pi km/N} \tag{5.10}$$

$$X[k] = \sum_{u=0}^{N-1} x[u]e^{-i2\pi ku/N} \tag{5.11}$$

これらの積を計算すると以下となり，時間軸から計算した結果と一致する。

$$H[k]X[k] = \sum_{m=0}^{N-1} h[m]e^{-i2\pi km/N} \sum_{u=0}^{N-1} x[u]e^{-i2\pi ku/N}$$
$$= \sum_{u=0}^{N-1}\sum_{m=0}^{N-1} h[m]x[u]e^{-i2\pi k(u+m)/N} \tag{5.12}$$

畳み込み定理は，高速フーリエ変換と組み合わせることで，畳み込みを愚直に実装するよりも高速に計算できることを意味する。本書では割愛するが，畳み込み定理は連続信号を対象とした畳み込みでも成立する。

5.2 窓関数を導入する意義

これまでの説明で用いた $w(t)$ は，振幅が 0 か 1 の二値であったが，これは任

意の区間の信号の振幅を変化させずに取り出したためである。取り出したい区間の振幅を 1 に設定した窓関数には，**矩形窓**（rectangular window）という名前が付けられている。矩形窓のスペクトルは sinc 関数であるため，正弦波を解析した場合，単位インパルス関数である正弦波のスペクトルの振幅が，周辺の周波数へ広がる影響が生じる。これが**スペクトル漏れ**（spectral leakage）と呼ばれる，漏れ誤差の原因である。任意の時刻の信号を取り出すことは離散フーリエ変換の前提であり，これは矩形窓による切り出しが不可欠であることを意味する。したがって，離散フーリエ変換と矩形窓は切っても切れない関係であり，スペクトル漏れの影響はつねに考える必要がある。

　スペクトル漏れを完全に 0 にするためには，信号のスペクトルを一切変化させないように窓関数のスペクトルを設計しなければならない。畳み込み演算をしてもスペクトルを変化させない窓関数のスペクトルは，連続信号としての単位インパルス関数である。このスペクトルに対応する時間信号を逆フーリエ変換により計算すると，時刻に依存せず定数を持つ，すなわち無限長の窓関数となり，実質的に設計不可能であることがわかる。特定の区間を切り出している以上信号のスペクトルにはなんらかの影響が含まれ，これが 4 章のスペクトル重心の計算で生じた誤差に繋がっている。信号解析でなにかを計算する場合，信号やそれぞれの計算方法に特徴があるため，つねに最適な窓関数といえるものは存在しない。信号解析においてなにを計算するかから適切な窓関数は変わるため，窓関数の種類や性質を把握することが重要である。

5.2.1　窓関数の種類

　本書では，音響信号の解析で比較的用いられる代表的な 3 種類の窓関数として，**ハニング窓**（Hanning window），**ハミング窓**（Hamming window），**ブラックマン窓**（Blackman window）を紹介する。窓関数の大半は，中央から両端に向けて振幅が 0 に近づく山形の形をしている。以下では連続信号として窓関数を定義し，窓の長さは 1 秒（$0 \leq t \leq 1$）である前提とする。

　各窓関数は，それぞれ以下の式により定義される。

$$w_{\text{Hanning}}(t) = 0.5 - 0.5 \cos(2\pi t) \tag{5.13}$$

$$w_{\text{Hamming}}(t) = 0.54 - 0.46 \cos(2\pi t) \tag{5.14}$$

$$w_{\text{Blackman}}(t) = 0.42 - 0.5 \cos(2\pi t) + 0.08 \cos(4\pi t) \tag{5.15}$$

3 種類すべての窓において，t が 0.5 の場合に振幅が 1 となる。ハニング窓とブラックマン窓は，t が両端に対応する 0 と 1 において振幅が 0 となる一方，ハミング窓だけは振幅が 0.08 と 0 にはならない特徴がある。

上記 3 種類の窓関数を関数として実装してみよう。MATLAB では，Signal Processing Toolbox に **hanning 関数**，**hamming 関数**，**blackman 関数**が実装されている。FreeMat には実装されていないことと，各関数の実装において特色があるため，本書では同じ結果を与える関数を独自に実装する。以下で示す関数が MATLAB の関数と一致するか確認するための動作検証は，MATLAB R2020a で実施している。

まずは，ハニング窓の生成する関数の実装例から紹介する。コマンドウィンドウで>> edit MyHanning.m と打ち込み，開いたエディタに以下のプログラムを打ち込んで保存する。ファイル名は関数名と一致させる必要があるため，ハミング窓やブラックマン窓を生成する関数のファイル名はそれぞれ MyHamming.m と MyBlackman.m とする。

```
function win=MyHanning(N)
n=(1:N)';
win=(1-cos(2*pi*n/(N+1)))/2;
```

この関数の特色は，n の範囲設定にある。連続信号での定義では t の範囲を $0 \leq t \leq 1$ としているが，この実装例では 0 と 1 を含まないようにしている。これは，0 から 1 となるように設定した場合，1 番目と N 番目の振幅は必ず 0 になり，実質的に意味がある振幅が 2 サンプル分少なくなることが原因と考えられる。なお，MATLAB では N 行 1 列の配列として出力するため上記の関数もそれに倣っており，これは以下で示す二つの窓関数でも同様である。

ハミング窓の実装では，以下のように n の範囲が異なる。

```
function win=MyHamming(N)
n=(0:N-1)';
win=0.54-0.46*cos(2*pi*n/(N-1));
```

こちらは 0 から 1 の範囲をカバーしており，これは 0 と 1 における振幅が 0 ではないことに由来すると考えられる。一方，ブラックマン窓はハニング窓と同様の特性であるが，ハミング窓と同様に 0 から 1 の範囲で実装されている。

```
function win=MyBlackman(N)
n=(0:N-1)';
win=0.42-0.5*cos(2*pi*n/(N-1))+0.08*cos(4*pi*n/(N-1));
```

ブラックマン窓では最初と最後の振幅がつねに 0 になる仕様である。理由は不明であるが，窓関数による切り出しでは多くの場合ある程度の時間幅で解析するため，結果に与える影響は小さいと判断しているのかもしれない。

1 秒分で生成した 3 種類の窓関数を図 **5.4** に示す。この図は，以下のプログラムにより得られたものである。

```
>> fs=44100;
>> win_han=MyHanning(fs);
>> win_ham=MyHamming(fs);
>> win_bla=MyBlackman(fs);
>> t=(0:fs-1)'/fs;
>> plot(t,win_han,'k',t,win_ham,'k--',t,win_bla,'k-.');
```

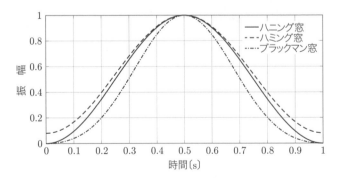

図 **5.4**　3 種類の窓関数の時間波形

plot 関数は一度に複数のグラフを表示させることができ，今回は 3 種類の窓関数を重ねて表示している。図中の凡例は **legend 関数**により表示できる。どの窓関数も，中央で最大振幅となり 0 と 1 秒にかけて振幅が減衰する特徴を有する。ブラックマン窓は，他の窓関数と比較して 0.5 秒付近にパワーが集中しており，これは各窓関数の持続時間から確認可能である。

5.2.2　窓関数を用いて切り出した信号に基づくスペクトル重心の計算

4 章で紹介したスペクトル重心の計算では，計算結果が真値と一致しないことを示した。これは，矩形窓を用いたことによるスペクトル漏れの影響が原因である。適切な窓関数を用いることでこの影響を緩和することが可能であることを，以下の例題で確かめてみよう。

3 種類の窓関数を乗じた信号からスペクトルを計算し，そこからスペクトル重心を求めるプログラムは以下である。

```
>> fs=44100;
>> t=(0:fs-1)'/fs;
>> f=1000;
>> x=sin(2*pi*f*t);
>> fft_size=65536;
>> w=(0:fft_size/2)'*fs/fft_size;

>> X_han=fft(x.*MyHanning(length(x)),fft_size);
>> X_han=abs(X_han(1:fft_size/2+1));
>> spectral_centroid_han=sum(w.*X_han)/sum(X_han);

>> X_ham=fft(x.*MyHamming(length(x)),fft_size);
>> X_ham=abs(X_ham(1:fft_size/2+1));
>> spectral_centroid_ham=sum(w.*X_ham)/sum(X_ham);

>> X_bla=fft(x.*MyBlackman(length(x)),fft_size);
>> X_bla=abs(X_bla(1:fft_size/2+1));
>> spectral_centroid_bla=sum(w.*X_bla)/sum(X_bla);
```

得られた結果をそれぞれ表示すると，3種類の窓関数は矩形窓よりも誤差が小さい。それぞれの窓関数で比較すると，ハミング窓の誤差が一番大きく，次いでハニング窓，一番誤差が小さいのはブラックマン窓となる。窓関数の差により誤差に違いが生じた原因を探るためには，窓関数の性能を把握する必要がある。

5.3　窓関数の性能

　理想的な窓関数は実装不可能であり，解析対象となる信号の解析方法により適切な窓関数も異なるため，あらゆる解析に対してつねに最適な結果を保証する万能な窓関数を議論する意味はない。窓関数を用いた信号解析についてはいくつかの側面から議論されているため，ここではそれらについて説明する。

5.3.1　メインローブとサイドローブ

　メインローブ（main lobe）とサイドローブ（side lobe）は，窓関数の性能を記述するための基盤となる特徴である。まずは矩形窓を対象とし，**図 5.5** に示す振幅スペクトルからそれぞれの関係を示す。このグラフの表示に用いるプログラムは以下である。

```
>> fs=44100;
>> N=round(fs*0.02);
>> fft_size=65536;
>> win_rect=ones(N,1);
>> W_rec=fftshift(abs(fft(win_rect,fft_size)));
>> W_rec=W_rec/max(W_rec);

>> w=(0:fft_size-1)'*fs/fft_size-fs/2;
>> plot(w,W_rec);
>> set(gca,'xlim',[-400 400]);
>> set(gca,'ylim',[0 1]);
```

N が窓関数の長さに相当し，今回は 0.02 秒（20 ms）に相当するサンプル数である 882 サンプルに設定している。スペクトルの形状を把握するために，信号

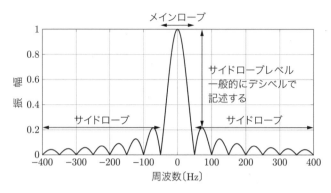

図 5.5 矩形窓の振幅スペクトルを対象とした
メインローブとサイドローブの定義

長から求められる最短の FFT 長よりも長い 2^{16}（65 536 サンプル）に FFT 長を設定しスペクトルを計算する。**fftshift 関数**は，1 次元配列を引数とした場合は後半 N/2 サンプルを前半部分にシフトする関数である。実部のみ有する信号の離散フーリエ変換により得られたパワースペクトルは，ナイキスト周波数を基準にして対称の形状になる。加えて，プログラム上では表現されないが，0 から標本化周波数までのスペクトルが周期的に繰り返す特徴を有する。今回は fftshift 関数により，ナイキスト周波数以上の周波数を負の周波数成分とするように巡回シフトして表示している。周波数軸も同様に変化させる必要があるため，周波数軸である w からナイキスト周波数を減算することで対応している。また，振幅の最大値が 1 となるように，全体を係数 max(W_rec) で除算している。

パワースペクトルから窓関数の性能を特徴づけるパラメータが，図中にあるメインローブとサイドローブである。メインローブは 0 Hz を中心に左右に広がるスペクトルで，性能を語る際にはメインローブの幅を用いる。サイドローブは，メインローブ以外に左右に広がるスペクトルを指し，おもにメインローブの最大値とサイドローブの最大値の差として与えられる**サイドローブレベル**（side lobe level）が重要なパラメータである。理想的な窓関数の条件が単位インパルス関数であることを考慮すると，メインローブは狭いほうがよく，サイドローブは小さい（サイドローブレベルが大きい）窓関数が望ましい。

一般に，メインローブを狭くするほどサイドローブは大きくなり，サイドロー
ブを小さくしようとするとメインローブの幅が広くなる。その例が図 **5.6** に示
す 3 種類の窓関数のパワースペクトルである。なお，サイドローブの振幅はメ
インローブよりもきわめて小さくなるため，縦軸をデシベル表記にしている。
以下は，これらのパワースペクトルを算出するためのプログラムである。

```
>> fs=44100;
>> N=round(fs*0.02);
>> fft_size=65536;
>> win_han=MyHanning(N);
>> W_han=20*log10(abs(fft(win_han,fft_size)));
>> W_han=fftshift(W_han)-max(W_han);

>> win_ham=MyHamming(N);
>> W_ham=20*log10(abs(fft(win_ham,fft_size)));
>> W_ham=fftshift(W_ham)-max(W_ham);

>> win_bla=MyBlackman(N);
>> W_bla=20*log10(abs(fft(win_bla,fft_size)));
>> W_bla=fftshift(W_bla)-max(W_bla);

>> w=(0:fft_size-1)'*fs/fft_size-fs/2;
>> plot(w,W_han,'k',w,W_ham,'k--',w,W_bla,'k-.');
>> set(gca,'xlim',[-400 400]);
>> set(gca,'ylim',[-80 0]);
```

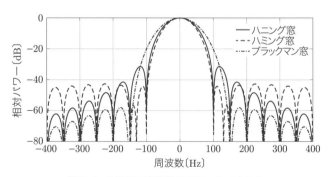

図 **5.6** 3 種類の窓関数のパワースペクトル

ハニング窓とハミング窓はメインローブの幅が近く，ブラックマン窓のメインローブの幅は相対的に広い。ハニング窓とハミング窓の差はおもにサイドローブにあり，サイドローブレベルだけを見るとハミング窓のほうが優れている。ハニング窓のサイドローブの最大値はハミング窓より高いものの，周波数に比例してサイドローブのパワーが減衰し，その減衰量がハミング窓より大きいことが確認できる。ブラックマン窓はメインローブが広い反面，サイドローブが小さい特徴がある。

スペクトル重心の計算においては，ハミング窓の誤差が大きくハニング窓とブラックマン窓の誤差が相対的に小さいことが確認できた。この原因はサイドローブの特徴から説明することが可能である。説明のため，4章で示した式を再掲する。

$$
\text{Centroid} = \frac{\displaystyle\sum_{k=0}^{N/2} f[k]|X[k]|}{\displaystyle\sum_{k=0}^{N/2} |X[k]|} \tag{5.16}
$$

ポイントは，分子に示される周波数を重み付ける演算である。1000 Hz の正弦波のスペクトルは理想的には 1000 Hz でのみ値を有する単位インパルス関数であるが，特定の区間だけ切り出すことで矩形窓を乗じたことになり，メインローブとサイドローブが生じる。大きなサイドローブが全周波数帯域に広がると，目的とする 1000 Hz より高い，特にナイキスト周波数近辺の振幅は，メインローブと比較して小さくとも，周波数による重み付けにより相対的に大きな値となる。ハミング窓は，サイドローブレベルはハニング窓より優れているものの，周波数の増加に対するサイドローブの減衰量が相対的に小さい。この減衰量が小さいため周波数重み付けによる影響が大きく，結果として誤差が生じたと解釈できる。メインローブの幅がおおむね等しいハニング窓とハミング窓での差は，サイドローブが周波数により減衰する量の差に起因するといえる。

サイドローブは最も大きな値だけが重要とは言い切れず，周波数に対する減衰量にも計算誤差に影響する要因が存在する。スペクトル重心のように全周波

数帯域を用いて計算する場合は，この減衰量が重要になる。言い換えれば，この減衰量が問題にならずメインローブの広さが誤差に起因する演算であれば，ブラックマン窓の誤差が大きくなるという予測が立てられる。

5.3.2 時間周波数解析のための窓関数

これまではおもに，正弦波の解析を対象に説明を続けていたが，現実世界の信号の多くは時間とともに性質が変化する特徴を有する。ファンノイズのように時間に対して特性がおおむね均一な信号と，音声のように特徴が時々刻々と変化する信号を考えたとしよう。ファンノイズの解析では，信号全体をなんらかの窓関数により切り出してスペクトルを計算することで，例えばパワースペクトルのピークに特徴が表れる。一方，音声は発話内容が時々刻々と変化するため，収録された長時間の信号全体のスペクトルから発話内容を推定することは実質的に不可能である。

時間周波数解析（time-frequency analysis）は，時々刻々と変化する信号を解析するための代表的な方法である。**図 5.7** に示すように，窓関数により信号を短時間に区切りスペクトルを求め，この演算を切り出す時間をシフトさせながら実施するイメージである。このような処理のことを**短時間フーリエ変換**と呼び，short-time（short-term と記載することもある）Fourier transform という名称から STFT と記述されることもある。

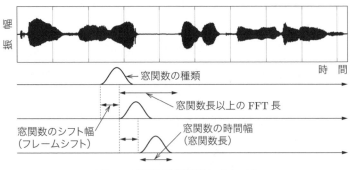

図 **5.7**　時間周波数解析のイメージ

　時間周波数解析では，図中に示されるいくつかのパラメータを設定する必要がある。代表的なパラメータは**フレームシフト**（frame shift）と**窓関数長**（window length や window size）である。これら二つのパラメータは独立しているため，例えば窓関数長が 20 ms だからとフレームシフトを同じ値である 20 ms に設定する必要はない。解析対象の信号が音声の場合，窓関数はハミング窓かハニング窓，窓関数長は 20〜30 ms 程度，フレームシフトは 5〜20 ms 程度が採用される。また，窓関数長と FFT 長が一致している必要もなく，必要に応じてゼロ埋めが行われる。

　これまでは離散信号 $x[n]$ のスペクトルを $X[k]$ で表現してきたが，時間周波数解析では解析結果にも窓関数を設置した時間というパラメータが生じる。時間周波数解析により得られた結果は，$X[m,k]$ と 2 次元の配列として表現される。ここで，時間・周波数に対する振幅値が与えられた 2 次元配列を**スペクトログラム**（spectrogram）と呼ぶ。ここでは記号の重複を避けるため m を使っているが，スペクトログラムのみ議論する場合は n が使われることも多い。この m は離散的な時間に対応するが，フレーム番号が単位となり，信号 $x[n]$ における n とは異なる時間を示す。フレームシフトが 20 ms であれば，先頭，すなわち m が 0 の場合は 0 ms で，つぎのフレーム番号である m が 1 の場合は 20 ms に対応する。

　プログラムとして実装する際には，m に対応する分析時刻が開発者により異なることがある。具体的には，窓関数の先頭や終端を切り出し時刻と見なす場合と，窓関数の振幅のピークがある時刻を切り出し時刻と見なす場合がある。ゼロ埋めについても，信号の後ろをゼロで埋める場合と，信号の手前と後ろに埋める場合とが存在する。このように実装の共通性がないため，同じアルゴリズムでも実装の仕方により結果が異なることがある。これらは特に正解がある問題ではないため，実装結果の出力が他者の実装と一致しない場合は，実装の流儀が異なると割り切ったほうがよい。

5.4 時間周波数解析例で学ぶ時間分解能と周波数分解能

音声の分析において 20～30 ms の窓関数が利用される理由は，当然ながらその程度の時間幅で音声の特徴を適切に分析できると考えられているからである。窓関数の特徴はメインローブとサイドローブにより議論していたが，ここでは窓関数長に対する**時間分解能**（temporal resolution）と**周波数分解能**（frequency resolution）という視点から説明する。

本書における時間分解能を，信号の時間的な変化をどの程度まで細かく解析できるかと定義する。この定義であれば，同じ種類の窓関数を用いる場合，窓関数長が短いほど時間分解能に優れていることになる。周波数分解能は，窓関数のスペクトルに対する時間分解能と同様の性質と定義する。本章で説明したい重要な性質は，短時間フーリエ変換による時間周波数解析において，時間分解能と周波数分解能はトレードオフの関係にあるということである。

5.4.1 チャープ信号の生成とスペクトル解析

チャープ信号（chirp signal）を対象として，時間周波数解析の例を示そう。チャープ信号とは，時間変化に対し特定の周波数 f_1 から異なる周波数 f_2 まで変化（増加でも減少でもよい）する信号である。チャープ信号を構成するパラメータは，f_1 と f_2 に加え，何秒かけて変化するかという時間 T となる。

$$x(t) = \sin\left(2\pi\left(f_1 t + \frac{k}{2}t^2\right)\right) \tag{5.17}$$

$$k = \frac{f_2 - f_1}{T} \tag{5.18}$$

正弦波に初期位相を加算する場合もあるが，今回は初期位相を 0 に固定する。これを実装すると以下となる。

```
>> fs=8000;
>> T=1;
>> f1=100;
```

```
>> f2=2000;
>> k=(f2-f1)/T;
>> t=(0:fs*T-1)'/fs;
>> x=sin(2*pi*(f1*t+(k/2)*t.^2));
```

今回は，100 Hz から 2 000 Hz まで 1 秒かけて変化させる信号を生成している。以下のプログラムにより，この信号全体のパワースペクトルを算出すると，**図 5.8** が得られる。ここでは，特にゼロ埋めはせずに計算している。

```
>> fft_size=8000;
>> w=(0:fft_size-1)'*fs/fft_size;
>> plot(w,20*log10(abs(fft(x,fft_size))));
>> set(gca,'xlim',[0 3000]);
```

チャープ信号を sound 関数などで再生すると，時間とともに正弦波の周波数が上昇していくことを確認できる。しかしながら，信号全体からスペクトルを求めているため，パワースペクトルからは，どの時刻にどの周波数が存在していたかを確認することはできない。これは，窓関数長が長く時間分解能が低いためである。

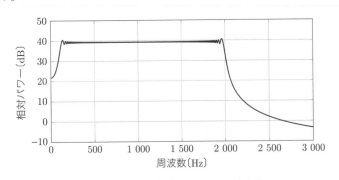

図 **5.8** チャープ信号のパワースペクトル

5.4.2 チャープ信号の時間周波数解析

信号全体のスペクトル解析では得られない解析信号の局所的な情報を解析できることが，時間周波数解析の利点である。以下から時間周波数解析を行うプ

ログラムを紹介する。初めに，パラメータの設定に関する部分のみ示す。

```
>> win_len=round(fs*0.02);
>> win=MyHanning(win_len);
>> fft_size=2^ceil(log2(win_len));
>> frame_shift=round(fs*0.01);
>> number_of_frames=ceil((length(x)+1)/frame_shift);
>> X=zeros(fft_size/2+1,number_of_frames);
>> base_index=ceil(-win_len/2):ceil(win_len/2)-1;
```

順番になにを決定しているのかを説明する。win_len は窓関数長，win は分析用の窓関数であり，ここでは 20 ms のハニング窓を設定している。フレームシフトは 10 ms に設定しており，フレーム数に相当する number_of_frames は，信号長とフレームシフトから自動的に求められる。計算結果は X に格納されるが，事前に要素数が確定しているのでこの段階で zeros 関数により必要要素数分を確保している。最後に base_index は，信号を切り出す際時間幅を計算するための基盤となる配列である。今回の実装では，窓関数の中央を原点とした解析を行っている。base_index を 1 から win_len の配列にすれば，窓関数の開始時刻が原点となる。

　以下は，上記の条件で実施する時間周波数解析のプログラムである。

```
>> for i=0:number_of_frames-1
>>    center=round(i*frame_shift);
>>    safe_index=max(1,min(length(x),base_index+center));
>>    tmp=x(safe_index).*win;
>>    tmpX=20*log10(abs(fft(tmp,fft_size)));
>>    X(:,i+1)=tmpX(1:fft_size/2+1);
>> end
```

center により，信号を切り出す中心時刻が与えられる。safe_index は，配列を切り出す際に 0 以下の値や length(x) より大きな値にならないよう調整した時間配列である。0 以下の場合はすべて 1 番目の値となり，length(x) より大きい場合はすべて length(x) 番目の値になるため安全である。以後の演算は，フレームシフトに基づいて窓関数により切り出す時間をシフトさせ，信号

を切り出して相対パワー〔dB〕に変換したパワースペクトルを2次元配列に格納していく。今回の説明ではパワーだけが必要であるため対数パワーとしたが，位相を調べたい場合などは複素数のまま記録し，必要なスペクトルに変換することになる。なお，1次元の音響信号を縦ベクトルとして扱っていることに対し，スペクトログラムは2次元ベクトルであり，縦方向は周波数，横方向が時間である。

以下は，こうして得られたスペクトログラムを表示するプログラムである。

```
>> imagesc([0 1],[0 4000],max(X,max(X(:))-60));
>> colormap(gray);
>> colorbar;
>> axis('xy');
```

imagesc 関数は，2次元配列に格納された値に色を割り当てて2次元の画像として表示する関数である。1番目と2番目の引数は，それぞれ横軸・縦軸の表示範囲の最小・最大値に対応する。横軸については，信号長が1秒なので0から1と設定している。縦軸については，標本化周波数が 8000 Hz であるため，0 Hz からナイキスト周波数に相当する 4000 Hz までとなる。3番目の引数には少々特殊な処理を加えているが，これはカラーマップと imagesc 関数の仕様への対処である。振幅値に相当する色は，カラーマップにより決定される。今回は，**colormap 関数**によりグレイスケールに設定している。gray は内部的に定義された配列であり，RGB（それぞれ赤，緑，青）の値が0から1まで64段階に分かれて格納されている，64行3列の2次元配列である。余談ではあるが，FreeMat では256段階であるため，256行3列であるが，以下は64行3列のものとして説明を続ける。imagesc 関数は，gray に基づき，スペクトログラムの最小値を1行目の色である黒，最大値を64行目の色である白となるようにスケーリングして表示する。colormap 関数では，gray の代わりに独自の配列を与えることで，任意のカラーマップを割り当てることも可能である。

imagesc 関数の3番目の引数は，このスケーリングに対する工夫として導入している。分析結果の振幅がなんらかの要因できわめて0に近い値となった場

合，対数を求めることで絶対値のきわめて大きな負値になる。この負値に対してグレイスケールの黒が割り当てられると，そのほかの振幅には相対的に白に近い値が割り当てられる。今回の処理では，まず X の最大値を max(X(:)) により求めている。max 関数は，2 次元配列では列単位で最大値を計算するため，上記の書き方により 1 次元配列に変換してから最大値を求めている。最大値から 60 dB 以上小さい場合は最大値 −60 dB として扱うように変換することで，スケーリングにより生じる問題に対応している。−60 dB という値に特段の根拠はなく，解析信号の性質に応じて適切に調整すべきである。

colorbar 関数は，色と数値との対応を示すカラーバーを表示するための関数である。imagesc 関数で表示したイメージの原点は左上であるため，**axis 関数**により，図の上下を反転させ左下を原点にしている。これは，axis 関数の引数に 'xy' と与えることで実現している。上記の内容により表示した結果が**図 5.9** である。グレースケールで表示しているため，パワーが小さければ黒，大きければ白で表示される。カラーバーの数字は単位がデシベルの相対パワーであるため，絶対値そのものには意味がない。最大値に対してどの程度小さいのかという，相対的な差が議論の対象となる。図 5.9 からも明らかに，信号全体のスペクトル解析からは得られない，時間に対する周波数の変化が観測できる。

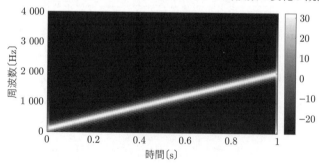

図 5.9　チャープ信号のスペクトログラム

5.4.3　時間分解能と周波数分解能

この時間周波数解析をいくつかの窓関数を用い窓関数長も変化させて実施し

た例により，時間分解能と周波数分解能の関係を説明しよう。今回は，10 ms と
20 ms のハニング窓，ハミング窓，ブラックマン窓により同じチャープ信号を
分析する。それぞれのスペクトログラムが図 **5.10** である。縦軸の単位は kHz
にしているが，これは imagesc 関数の引数により調整可能である。同じ窓関数
長でも，種類により分析結果に差があることが確認できる。例えば，ハミング
窓はサイドローブの減衰がほかの窓関数に比べ緩やかであるため，周波数方向
に不要な成分が分散して観測されている。

　ハニング窓とブラックマン窓では，ブラックマン窓のほうが各時刻で強いパ

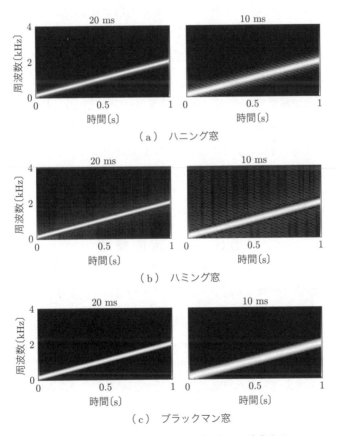

（a）　ハニング窓

（b）　ハミング窓

（c）　ブラックマン窓

図 **5.10**　3 種類の窓関数，および窓関数長を変化させて
同じチャープ信号を解析した結果

ワーを持つ周波数に対応する白色の線がやや太い。今回はチャープ信号を解析
しているが，ある程度パワーの差があり近い周波数の正弦波が二つ加算されて
いる場合，線が太いと小さい正弦波は埋もれて観測不能になる。ゆえに，この
線が細いほど隣接した複数の正弦波を分離して検出できる，すなわち周波数分
解能に優れているといえる。ハニング窓とブラックマン窓では，ハニング窓の
ほうが周波数分解能が良好である。時間波形を比較すると，ブラックマン窓の
ほうが振幅が最大値を示す時刻付近にパワーが集中しているため，時間分解能
が優れた窓は周波数分解能に劣るという傾向となる。

　同じ窓関数で窓関数長を変化させた場合，時間分解能に優れた 10 ms のほう
が線は太く，周波数分解能に劣ることが確認できる。このように，時間分解能
と周波数分解能はトレードオフの関係にある。両方を理想的にすることはでき
ないため，解析対象となる信号に応じて時間周波数解析のパラメータを適切に
設定することが重要である。二つの正弦波のパワー差が 60 dB 程度ある場合，
少なくともハミング窓で解析すると小さい信号のパワーがサイドローブに埋も
れてしまい観測することができない。窓関数の選択においては，時間分解能と
周波数分解能に加え，サイドローブの大きさまで加味して決定することが必要
である。

5.5　不確定性原理

　周波数分解能と時間分解能がトレードオフの関係にあることは 5.4 節で説明
したが，具体的にどのような限界があるのかについて示すためには，**不確定性
原理**（uncertainty principle）が役立つ。なお，本書においては，この原理を
トレードオフの関係の厳密な説明に用いるだけである。本書の読者を想定した
事前知識の範囲を逸脱した定理を用いるため，楽をしたい読者は，読み飛ばし
て進めても差し支えない。

　時間分解能が窓関数における時間的に広がりに対応するならば，持続時間が
時間分解能に関連するパラメータとなる。周波数分解能もパワースペクトルに

対する周波数方向の広がりであるとすれば，持続時間に相当するパラメータを
パワースペクトルに対して計算することで，スペクトルに対し同等のパラメー
タが得られる。これらを式で表すと，それぞれ以下となる。ここでは，$x(t)$ と
対応するスペクトル $X(\omega)$ を連続信号として与えている。

$$\sigma_t^2 = \int_{-\infty}^{\infty} (t - \langle t \rangle)^2 |x(t)|^2 dt \tag{5.19}$$

$$\sigma_\omega^2 = \int_{-\infty}^{\infty} (\omega - \langle \omega \rangle)^2 |X(\omega)|^2 d\omega \tag{5.20}$$

このような定義において，時間分解能と周波数分解能に相当するパラメータの
積は以下の条件を満たす，というのが不確定性原理の概要である。

$$\sigma_t \sigma_\omega \geq \frac{1}{2} \tag{5.21}$$

この証明にはいくつかの定理や公式を駆使する必要がある。すべての証明を行
うと説明が煩雑になるため，いくつかの公式は証明せずに用いる。また，持続
時間を求める際の前提条件として，信号 $x(t)$ は実部のみを有し

$$\int_{-\infty}^{\infty} |x(t)|^2 dt = 1 \tag{5.22}$$

が成立するものとする。

　信号の平均時間 $\langle t \rangle$ は，時間シフトにより持続時間を固定したまま変化させ
ることができるため，0 としても結果に影響は生じない。また，虚部を持たな
い信号のパワースペクトル $|X(\omega)|^2$ は 0 Hz を軸に対称であるため，$\langle \omega \rangle$ は 0 と
なる。よって，それぞれ以下に変形して計算する。

$$\sigma_t^2 = \int_{-\infty}^{\infty} t^2 |x(t)|^2 dt \tag{5.23}$$

$$\sigma_\omega^2 = \int_{-\infty}^{\infty} \omega^2 |X(\omega)|^2 d\omega \tag{5.24}$$

σ_t^2 の式については，$t^2 |x(t)|^2 = |tx(t)|^2$ である。σ_ω^2 については，パーセバル
の定理を用いて以下のように変形できる。

$$\int_{-\infty}^{\infty} \omega^2 |X(\omega)|^2 d\omega = \int_{-\infty}^{\infty} |\omega X(\omega)|^2 d\omega$$

$$= \int_{-\infty}^{\infty} |x'(t)|^2 dt \tag{5.25}$$

$x'(t)$ は，$x(t)$ の時間微分に対応する。$tx(t)$ と $x'(t)$ を対象として**コーシー・シュワルツの不等式**（Cauchy-Schwarz inequality）に代入すると，以下の関係が導かれる。

$$\int_{-\infty}^{\infty} |tx(t)|^2 dt \int_{-\infty}^{\infty} |x'(t)|^2 dt \geq \left| \int_{-\infty}^{\infty} tx^*(t)x'(t)dt \right|^2 \tag{5.26}$$

右辺の $x(t)$ は複素共役であるが，実信号を対象としているので $x^*(t) = x(t)$ である。

右辺の積分記号内部については，以下のように変形できる。

$$tx^*(t)x'(t) = \frac{1}{2}\frac{d}{dt}t|x(t)|^2 - \frac{|x(t)|^2}{2} \tag{5.27}$$

これを式 (5.26) に代入して積分を計算すると，$x(t)$ の制約上右辺の第 1 項は 0 に，第 2 項は 1/2 となる。よって

$$\sigma_t^2 \sigma_\omega^2 \geq \frac{1}{4} \tag{5.28}$$

が得られ，最終的に目標の形である

$$\sigma_t \sigma_\omega \geq \frac{1}{2} \tag{5.29}$$

が得られることになる。

続いて，この等号が成立する条件を考えてみよう。今回の場合，一方の関数が他方のスカラ倍であれば等号が成立するという条件を用いる。つまり，$x'(t)$ が $\alpha tx(t)$ と等しい場合について考えるが，要点を絞るため $\alpha = -1$ である $-tx(t)$ に限定し

$$x'(t) = -tx(t) \tag{5.30}$$

が成立する $x(t)$ を求める問題として扱う。この問題は，対数微分法の考え方を用いることで解くことが可能である。まずは，上式を以下のように変形する。

$$\frac{x'(t)}{x(t)} = -t \tag{5.31}$$

ここで，対数微分の公式

$$\frac{d}{dt} \log |x(t)| = \frac{x'(t)}{x(t)} \tag{5.32}$$

を当てはめることで，以下が得られる。

$$\frac{d}{dt} \log |x(t)| = -t \tag{5.33}$$

ここから両辺を積分することで，以下が得られる。

$$\log |x(t)| = -\frac{1}{2}t^2 + C \tag{5.34}$$

C は積分定数である。ここから $x(t)$ を求めることで，最終的な答えが得られる。

$$x(t) = \exp\left(-\frac{t^2}{2} + C\right) \tag{5.35}$$

この形は，**ガウス関数**（Gaussian function）と呼ばれる。ガウス関数には，本来いくつかのパラメータが存在するが，ポイントは，不確定性原理の等号を満たす関数はガウス関数であるということである。積分定数は，ガウス関数に乗じられる係数に相当するため，今回の結論には影響しない。

6. ディジタルフィルタ

　実環境で収録された信号を想定すると，目的とする信号以外に解析の誤差要因となりうる別の成分が混入している。例えば，室内で収録した音声を解析する場合，収録音声には，壁からの反射音やエアコン等が発する騒音が混入している。屋外での収録でもさまざまな騒音源が存在することから，観測信号には目的とする音声以外の成分がまったく存在しないということは考えにくい。信号解析においては，目的音以外の雑音が存在することを前提に目的音のなにを解析するかを勘案し，雑音が解析結果に与える影響を吟味する必要がある。影響が十分に小さいという結論であれば無視して解析を進めることになるが，無視できないほど影響が大きい場合は，解析の前処理として信号から雑音を取り除くことが望まれる。**ディジタルフィルタ**（digital filter）は，観測信号に含まれる雑音の抑制を可能にする便利な手段である。本書では，ディジタルフィルタの基本的な考え方や知識と，比較的容易に実現できるディジタルフィルタの設計法を修得する。なお，フィルタにはアナログフィルタとディジタルフィルタが存在するが，以降で「フィルタ」という用語を用いる際には，すべてディジタルフィルタを指す。

6.1　線形時不変システム

　本書では，なんらかの信号の入力に対しなんらかの信号を出力するものをシステムと呼び，この定義においてフィルタもシステムと見なすことができる。これを記載すると**図 6.1** となり，この図を**ブロック図**（block diagram）と呼ぶ。システムにはさまざまな種類があるが，本書では離散信号を対象とした**線形時不変システム**（linear time-invariant（LTI）system）のみを扱う。線形時

図 6.1 入力信号になんらかの影響を及ぼし出力する
システムのブロック図

不変システムを理解するためにはいくつかのステップが必要になるため，順を
追って説明する。結論だけ知りたい場合は，乱暴ではあるが「フィルタ処理は
畳み込みにより実施し，畳み込みは線形時不変システムに該当する処理」と覚
えてしまっても，本書を読み進める上では十分である。

6.1.1 システムを構成する 3 要素

システムの中身をブロック図として記述するための要素は，図 **6.2** に示さ
れる 3 種類である。畳み込み演算は，これらを用いて実現可能である。**加算器**
（adder）は，二つの信号を加算するための要素である。図では 2 信号の和を
表現しているが，複数の信号を同時に加算しても問題はない。減算は，**乗算器**
（multiplier）を組み合わせることで実現可能である。

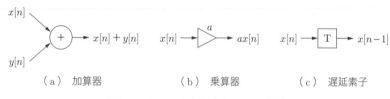

（a）加算器 （b）乗算器 （c）遅延素子

図 6.2 システムを構成する三つの要素

乗算器は，入力された信号を定数倍にする機能を有する。この係数に -1 を
与えて加算器と接続することで，減算の機能を実現できる。**遅延素子**（delay
element）は，入力信号を 1 サンプル遅延させる機能を有する。離散信号を対象
とするため，遅延の最小単位は，標本化周期に相当する 1 サンプルである。複
数サンプルの遅延が必要な場合は，遅延器を直列に接続することで実現可能で
ある。本書では記号 T を用いているが，書籍によっては D や z^{-1} 等を用いる
こともある。これらは記述の違いであり，同一の機能を有する。

　フィルタを実現する畳み込みは，加算と乗算と遅延により実現されていることから，これらの要素を組み合わせたブロック図で記述可能である。フィルタ設計の目的を達成できるようにこれら3要素を適切に組み合わせることが，フィルタデザインの課題である。実現するにあたってはさまざまな制約条件があり，あらゆる条件を完璧に満足するフィルタの設計は事実上不可能である。なにを選びなにを妥協するかを適切に取捨選択するため，フィルタに関する制約条件などを把握することが本書のねらいである。

6.1.2　線形性と時不変性

　システムの特性には種類があり，**線形性**（linearity）と**時不変性**（time-invariance）を両立している場合に線形時不変システムと呼ぶ。線形性のみを満たすシステムは**線形システム**（linear system）であり，時不変性のみを満たす場合は**時不変システム**（time-invariant system）である。信号の畳み込みだけを考える場合特に気にする必要はないが，任意のシステムが線形システムであるか，時不変システムであるかの判別が必要なこともある。

　線形性が成立する場合，**図 6.3** に示す二つの条件を満足する。図中でシステムを示す長方形は，すべて同じシステムであると見なす。**非線形システム**（nonlinear system）の例として，入力を二乗するシステムが挙げられる。図 6.3 の図 (a) を検証するためシステムに a を入力すると，出力として a^2 が得られる。ここで，$a = b + c$ として b と c を個別に入力して加算すると，結果は

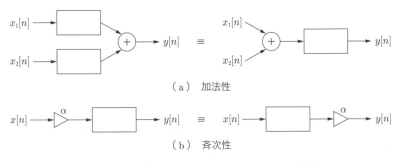

（ａ）　加法性

（ｂ）　斉次性

図 6.3　線形システムであれば成立する二つの性質

$b^2 + c^2$ である。一方，a をそのまま入力した場合の結果は $a^2 = b^2 + 2ab + c^2$ であるため，結果が一致しない。図 (b) も同様に，αb を入力すると結果は $\alpha^2 b^2$ であるが，順番を変えると αb^2 となり一致しないことが確認できる。

時不変性についても同様に条件があり，具体的には**図 6.4** を満足するか否かで判別が可能である。端的にいえば，入力と出力との関係は時間に依存せず変わらないということである。これを満たさないシステムは**時変システム**（time-variant system）と呼び，例えば $y[n] = nx[n]$ のように，時間に相当する n を乗ずるシステムが該当する。遅延させることで異なる n を乗ずることになるため，結果は時刻に依存することになる。

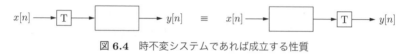

図 6.4 時不変システムであれば成立する性質

6.1.3 線形時不変システムをおもに用いる理由

本書で扱う信号解析は，線形時不変システムとして機能することが前提になっている。非線形システムや時変システムももちろん計算機上で実装可能であるが，実装したシステムを利用する際の難易度が上昇する。非線形システムを利用する場合では，入力された音響信号の絶対音圧レベルを求める必要がある。これまで説明してきたように，音響信号を計算機に取り込む際には一般的にマイクアンプを用いる。マイクアンプのボリュームにより，同じ音圧の信号であっても取り込まれた計算機上の振幅が変わる。ボリュームは振幅に乗ずる係数であるため，線形システムであれば処理後に係数を乗じても結果に差は生じない。非線形システムでは，絶対音圧を利用しない限り，適切な結果が得られない。

絶対音圧レベルを算出するためには，マイクアンプのボリュームに依存せず，収録された音源の音圧レベルを別途記録することが必要になる。加えて，各音圧レベルに対する処理結果が変わることも含めて計算式を組み立てる必要がある。これは，短時間ごとに絶対音圧を計算し，音圧に対して適切な処理がなされるようシステムを設計しなければならないことを意味する。

　時変システムの場合でも同様で，入力された時間の情報に基づいてフィルタの特性を変化させる仕組みを導入する必要がある。これらは，畳み込みの実施においてサンプルごとのフィルタ設計のコストが上乗せされることに加え，高速フーリエ変換を用いた高速化の恩恵も受け難いことを示す。人間の聴覚は非線形性と時変性を有するため，聴覚特性を厳密に模倣するシステムを実現するためには，非線形時変システムとして設計する必要がある。非線形性や時変性の模擬はより精密なシミュレーションを可能にする一方，線形時不変システムでの処理で必要な精度を達成できるのであれば，線形時不変システムのみで解析するほうが合理的である。

6.2　ディジタルフィルタの概要

　ディジタルフィルタは，目的に応じてさまざまな方法により設計される。本書では，信号解析理論の習得，および理論とプログラムとの対応付けを目標にしているため，高度な理論は意図的に対象から外している。ディジタルフィルタについても，高度な設計法ではなく，どのような種類のフィルタがありどのような目的で利用されるのかを中心に説明する。ディジタルフィルタに関する書籍は多数出版されているので，興味がある読者はそれらの書籍を参考にしていただきたい。

6.2.1　フィルタ処理の数学的解釈

　ディジタルフィルタによる信号処理には，畳み込みを用いる。つまり，フィルタ処理後の信号 $y[n]$ は，入力信号 $x[n]$ とフィルタ $h[n]$ との畳み込みにより表される。

$$y[n] = h[n] * x[n] \tag{6.1}$$

ここで，フィルタ $h[n]$ のことをインパルス応答（impulse response）と呼ぶ。これは，$x[n]$ が単位インパルス関数の場合にフィルタ処理後の信号 $y[n]$ が $h[n]$

と一致することから，単位インパルス関数をシステムに入力した結果（応答）であることに由来する。インパルス応答のスペクトル $H[k]$ のことは，**伝達関数**（transfer function）と呼ぶ。

フィルタ設計を簡単にいえば，目的を達成できる特性を有する $h[n]$ を設計する問題となる。畳み込み定理によれば，畳み込み演算はスペクトルの積として表される。

$$Y[k] = H[k]X[k] \tag{6.2}$$

そのため，周波数領域で $H[k]$ を設計してから $h[n]$ を求める手順でフィルタを設計することも可能である。フィルタの畳み込みが元信号の振幅スペクトル，位相スペクトルに与える影響は，それぞれ以下となる。

$$X[k] = |X[k]|e^{i\varphi_x[k]} \tag{6.3}$$

$$H[k] = |H[k]|e^{i\varphi_h[k]} \tag{6.4}$$

$$X[k]H[k] = |X[k]||H[k]|e^{i\varphi_x[k]+i\varphi_h[k]} \tag{6.5}$$

この式の意味は，信号のフィルタ処理では振幅は乗算，位相は和算の影響を与えるということである。不要な成分の除去を目標にする場合，その成分がどの周波数帯域に存在するかを把握して除去するフィルタの設計を目指す。位相については，位相そのものを解析対象とする場合，あるいはフィルタ処理後の信号の音質を確認することが必要な場合には重要である。

6.2.2 フィルタの種類

ディジタルフィルタの特性を学ぶにあたり代表的なフィルタは，**図 6.5** に示す4種類である。パワースペクトルの形状とフィルタの名称がおおむね対応している。f_c は**カットオフ周波数**（cutoff frequency）であり，フィルタの種類によっては二つ存在する。**低域通過フィルタ**（low-pass filter の略称で LPF）と**高域通過フィルタ**（high-pass filter の略称で HPF）は，それぞれカットオフ周波数である f_c を境界として LPF では f_c 以下を，HPF では f_c 以上を通過さ

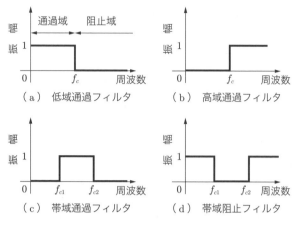

図 **6.5**　4 種類のフィルタの理想的な振幅スペクトル

せる。通過させる帯域を**通過域**（passband），通過させない帯域を**阻止域**（stop-band），あるいは**減衰域**と呼ぶ。振幅が 1，位相が 0 の帯域は元信号に影響を与えないため，通過域を 1，阻止域を 0 とするスペクトルを設計できれば理想的である。**帯域通過フィルタ**（band-pass filter の略称で BPF）は二つのカットオフ周波数を有し，それらの間の周波数成分のみ通過させる。**帯域阻止フィルタ**（band-stop filter の略称で BSF）は BPF の逆で，二つのカットオフ周波数の間の周波数成分のみを除去する。BSF については，band-rejection など複数の名称で呼ばれるが，機能は等しい。

　図 6.5 は概念を伝えるために描いた理想的なパワースペクトルであるが，このような形状のフィルタを実現できないことは，本書のこれまでの説明からも予想できるだろう。例えば，低域通過フィルタが理想的な特性を持つ場合，パワースペクトルは矩形窓と等しい特徴を有する。矩形窓のスペクトルが sinc 関数であったように，理想的な低域通過フィルタを実現するフィルタのインパルス応答 $h[n]$ は，sinc 関数となる。信号長は無限大を想定しなければならず，有限長のインパルス応答での実現はできない。そのため，通過域から阻止域の境界の振幅を，急峻ではあるが連続的な変化となるように遷移させることで，現実的な長さのフィルタを設計する。この遷移させる周波数帯域を**遷移域**（transition band）と呼ぶ。これらについては，より細かい特性が存在するが，ここでは概念的に覚えておけば十分である。もう少し踏み込んだ内容については，**窓関数法**（window method）の説明とともに紹介する。

　良好な特性を有するこれら4種類のフィルタを設計するためには，カットオフ周波数を設定することに加え

- 通過域の振幅を1，位相を0にすること
- 阻止域の振幅を0に近づけること
- 遷移域となる帯域を狭めること
- インパルス応答 $h[n]$ の信号長を短くすること

を考える必要がある。パワースペクトルの急峻な変化はインパルス応答の持続時間の増加に繋がるため，時間分解能・周波数分解能のように3番目と4番目の条件はトレードオフの関係にある。解析対象となる信号や，解析法に依存してどの条件を優先するかは異なるため，フィルタの設計法には，窓関数にいろいろな種類があることと同様に多数のアプローチが存在し，それぞれに特徴がある。

6.2.3　その他のフィルタ

　4種類のフィルタは代表的なものであるが，フィルタ設計はそれら以外にもさまざまな特性を与えることが可能である。**全域通過フィルタ**（all-pass filter の略称で APF）は，振幅がすべての周波数において1であり，位相のみ変化させるフィルタである。そのほかにも，音楽再生において利用されるイコライザのように，特定の帯域だけ強調，あるいは減衰させるフィルタも幅広く利用されている。音楽にエコーやリバーブを与える加工も，フィルタにより実現可能である。

6.3　差分方程式から見る2種類のフィルタ

　これまで説明したフィルタの区分は，おもにフィルタが有する特性に起因す

るものである。**差分方程式**（difference equation）は，フィルタを語るためには必要不可欠な要素である。ここでは，いろいろな用語が出てきている中で，畳み込み，インパルス応答，そして差分方程式の知識を繋げ，差分方程式に基づくフィルタ処理のプログラム実装ができることを目指す。

6.3.1　差分方程式と FIR フィルタ

差分方程式は，システムの入力 $x[n]$ と出力 $y[n]$ との関係を記述するために用いられる。フィルタのインパルス応答が $h[n]$ で表現されることからも，差分方程式とインパルス応答には密接な関係がある。簡単な例を**図 6.6** に示そう。差分方程式は

$$y[n] = 0.5x[n] - 0.5x[n-1] \tag{6.6}$$

であり，対応するブロック図を図 (a) に示している。図 (b) は，この差分方程式とブロック図に対応するインパルス応答 $h[n]$ である。

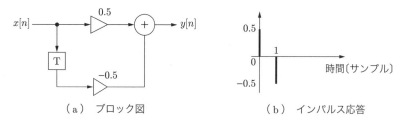

（a）ブロック図 　　　　　（b）インパルス応答

図 6.6　差分方程式 $y[n] = 0.5x[n] - 0.5x[n-1]$ に
対応するブロック図とインパルス応答

この差分方程式により得られるフィルタは，**FIR フィルタ**（finite impulse response filter）と定義される。インパルス応答が有限長で確定する特徴を有するため，Finite の名前が付けられている。この FIR フィルタの係数は，0.5 と −0.5 であり，係数 0.5 は 0 次，係数 −0.5 は 1 次の係数と呼ばれる。フィルタ係数がインパルス応答の振幅にそのまま対応することが，FIR フィルタの特徴である。

FIR フィルタでは任意の遅延時間とフィルタ係数を与えられることから，一般化した FIR フィルタの差分方程式は以下で与えられる。

$$y[n] = \sum_{m=0}^{N} b_m x[n-m] \tag{6.7}$$

ここで，b_N まで用いるフィルタのことを，N 次のディジタルフィルタと呼ぶ。この式からも，フィルタ係数である b_m を $h[m]$ であると考えることで，フィルタ係数がインパルス応答と一致していることがわかる。このフィルタが信号にどのような影響を与えるかは，$h[m]$ のスペクトルを算出し，振幅と位相スペクトルを求めることで解析が可能である。フィルタの性能を解析するためには，一般的に **z 変換**（z-transform）が用いられる。FIR フィルタの特性を大雑把に把握するだけであれば，フィルタ係数をインパルス応答と見なしスペクトル解析を行うだけで十分である。

続いて，差分方程式を実装するプログラムの例題を紹介しよう。畳み込みであるため conv 関数を用いるほうが容易であるが，差分方程式を真面目に実装すると，以下のプログラムとなる。

```
>> fs=44100;
>> x=randn(fs,1);
>> y=zeros(fs,1);
>> y(1)=0.5*x(1);
>> for n=2:length(x)
>>    y(n)=0.5*x(n)-0.5*x(n-1);
>> end
```

先頭の信号については，負の時間を参照できないため for 文の外側で計算している。for ループの中では，差分方程式がほぼそのまま記述されていることが確認できる。入力信号は，randn 関数で生成したホワイトノイズである。入力信号と出力信号を再生して聴き比べると，出力信号は低い音がカットされた音に聴こえるはずである。低域が出ないスピーカでは差が感じられないかもしれないので，その場合は 80 Hz 程度の低域から出力可能なヘッドホンを用いることで確認可能である。

この感覚的な音の違いを客観的に記述するため、伝達関数 $H[k]$ の振幅スペクトルが用いられる。図 **6.7** が今回のフィルタの振幅スペクトルである。なお、横軸の単位を Hz から kHz に変更するため、表示するためのプログラムは以下のように調整している。

```
>> fs=44100;
>> fft_size=65536;
>> w=(0:fft_size-1)'*fs/fft_size;
>> plot(w/1000,abs(fft([0.5;-0.5],fft_size)));
>> set(gca,'xlim',[0 fs/2000]);
```

例えば 10 kHz の振幅は約 0.61 であるが、これは、入力信号が持つ 10 kHz の成分の振幅を約 0.61 倍することに相当する。図からも明らかに低域ほど振幅値が小さくなっていることから、このフィルタは低域の成分を抑制する性質があり、具体的にどの周波数でどの程度減衰させているかが明確である。機能は高域通過フィルタに近いが、通過域・減衰域を分離する明確な境界があるわけでもなく、幅広い周波数帯域で振幅を緩やかに遷移させている。その代わり、2 サンプルのインパルス応答で表現されるため、持続時間が短いフィルタである。

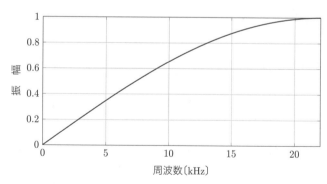

図 **6.7** $y[n] = 0.5x[n] - 0.5x[n-1]$ の差分方程式
により得られたフィルタの振幅スペクトル

6.3.2 IIR フィルタ

FIR フィルタが有限長のインパルス応答を持つフィルタであることに対し、**IIR** フィルタ（infinite impulse response filter）は、名前からも明らかに無限

長のインパルス応答を持つフィルタである。例として，**図 6.8** が IIR フィルタ
の差分方程式とブロック図，インパルス応答の対応関係である。FIR フィルタ
との違いは，差分方程式の右辺に，出力である $y[n]$ を遅延させた項が含まれる
ことにある。IIR フィルタは FIR フィルタとは異なり，ブロック図における係
数がインパルス応答とは直結しない。

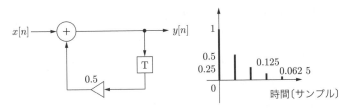

図 6.8　差分方程式 $y[n] = x[n] + 0.5y[n-1]$ に
対応するブロック図とインパルス応答

インパルス応答とは入力 $x[n] = \delta[n]$ に対する出力であることから，入力と出
力との関係を順番に記述していけば入出力の関係はわかりやすい。まず，$x[0]$
が 1 であり負の時刻には信号が存在しないという状況を考える。つまり $y[n]$
は，n が負の場合にはつねに 0 となる。$y[0]$ は $x[0]+0.5y[-1]$ における $y[-1] = 0$
であることから $y[0] = x[0]$ であり 1 となる。続いて $y[1]$ は，$x[1] + 0.5y[0]$ か
ら 0.5 となる。以後，n が 1 増えるごとに値が半分になり，これはインパルス
応答が等比数列になることを示す。このように，一つのフィルタ係数により無
限長のインパルス応答を設計できることが IIR フィルタの特徴である。こちら
も，N 次に一般化した差分方程式は以下のようになる。

$$y[n] = x[n] - \sum_{m=1}^{N} a_m y[n-m] \tag{6.8}$$

IIR フィルタは，フィルタのインパルス応答が無限長であれば条件を満たす
ため，FIR フィルタに相当する $x[n]$ の遅延成分を含んでいても構わない。FIR
フィルタに相当する N 次の項と IIR フィルタに相当する M 次の項を加算した
以下が，ディジタルフィルタの一般系である。

$$y[n] = \sum_{m=0}^{N} b_m x[n-m] - \sum_{m=1}^{M} a_m y[n-m] \tag{6.9}$$

右辺の第 2 項を 0 とすれば FIR フィルタとなり，それ以外はすべて IIR フィルタとなる。

6.3.3 IIR フィルタのスペクトル解析

IIR フィルタは，FIR フィルタのようにフィルタ係数を単純に離散フーリエ変換するだけで振幅スペクトル，位相スペクトルを求めることはできない。インパルス応答も無限長であるため，インパルス応答を離散フーリエ変換する解析では，得られる結果は特定の長さで打ち切った影響が含まれる。z 変換を用いる解析が王道ではあるが，まずは，先ほどの例である $y[n] = x[n] + 0.5y[n-1]$ に限定して z 変換を用いずにスペクトルを求めてみよう。

フィルタのインパルス応答は，入力信号 $x[n]$ が単位インパルス関数における出力信号と一致する。$x[n]$ のスペクトルを $X[k]$ とした際に，1 サンプル遅延させた信号 $x[n-1]$ のスペクトルを以下のように求める。まず，通常の離散フーリエ変換の公式は以下である。

$$X[k] = \sum_{n=0}^{N-1} x[n]e^{-i2\pi kn/N} \tag{6.10}$$

ここで，入力信号が m 遅延しているとすると以下のように変形できる。

$$\sum_{n=0}^{N-1} x[n-m]e^{-i2\pi km/N}e^{-i2\pi k(n-m)/N} \tag{6.11}$$

総和記号の変数 n とは無関係な項を外に出すと以下となる。

$$e^{-i2\pi km/N} \sum_{n=0}^{N-1} x[n-m]e^{-i2\pi k(n-m)/N} \tag{6.12}$$

入力信号が N サンプルで周期的であることに着目すれば，$n-m$ を任意の変数に置換したとしても，総和記号は 0 から $N-1$ までの範囲で同じ結果が得られる。よって，$x[n-m]$ のスペクトルは $e^{-i2\pi km/N}X[k]$ と，元の信号のスペクトルに $e^{-i2\pi km/N}$ を乗じた形になる。

この時間領域シフトの性質を活用することで，差分方程式からスペクトルを直接求めることが可能になる。

$$y[n] = x[n] + 0.5y[n-1] \tag{6.13}$$

ここで，両辺のスペクトルを計算し，$X[k]$ を単位インパルス関数のスペクトルである 1 とすると

$$
\begin{aligned}
Y[k] &= X[k] + 0.5e^{-i2\pi k/N}Y[k] \\
&= 1 + 0.5e^{-i2\pi k/N}Y[k]
\end{aligned} \tag{6.14}
$$

が得られる。ここから $Y[k]$ を求めると

$$Y[k] - 0.5e^{-i2\pi k/N}Y[k] = 1 \tag{6.15}$$

$$Y[k](1 - 0.5e^{-i2\pi k/N}) = 1 \tag{6.16}$$

$$Y[k] = \frac{1}{1 - 0.5e^{-i2\pi k/N}} \tag{6.17}$$

となる。

　続いて，この結果と有限長に打ち切ったインパルス応答から求めたスペクトルがどの程度一致するかについて検証しよう。まずは，数式で求めた振幅スペクトルをそのまま計算するプログラムを示す。

```
>> N=128;
>> k=(0:N-1)';
>> spec1=abs(1./(1-0.5*exp(-1i*2*pi*k/N)));
```

spec1 が得られた振幅スペクトルである。ここでは，離散フーリエ変換を実施するサンプル数として N を 128 サンプルに設定している。k は離散周波数番号であり，今回はスペクトルの形状の比較だけできればよいので標本化周波数を設定していない。続いて，インパルス応答を求めるプログラムを以下に示す。

```
>> h=zeros(N,1);
>> h(1)=1;
>> for n=2:N
```

```
>>     h(n)=0.5*h(n-1);
>> end
>> spec2=abs(fft(h));
```

入力信号を $\delta[n]$ とした前提で $h[0]$ を 1 に設定し，以降の値は過去の値に基づいて決定していく。

計算された振幅スペクトルを，以下のプログラムで表示してみよう。

```
>> subplot(2,1,1);
>> plot(k,spec1);
>> set(gca,'xlim',[0 N-1]);
>> subplot(2,1,2);
>> plot(k,spec2);
>> set(gca,'xlim',[0 N-1]);
```

図 **6.9** は，このプログラムで表示した二つの振幅スペクトルである。図 (a) は spec1 の，図 (b) は spec2 の振幅スペクトルである。どちらもほぼ同じスペク

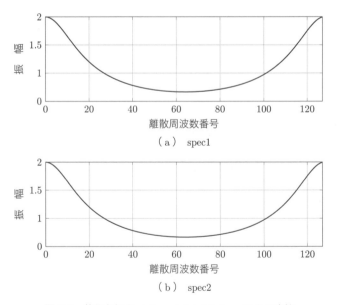

（ a ） spec1

（ b ） spec2

図 **6.9** 差分方程式 $y[n] = x[n] + 0.5y[n-1]$ から直接
計算した振幅スペクトル (a) と，128 サンプルのイン
パルス応答から求めた振幅スペクトル (b) の比較

トルであることが確認でき，減算して誤差を表示すると小数点以下 15 桁程度まで値が一致する。今回の場合誤差はほぼ存在しないが，これは，128 サンプルの段階でインパルス応答の振幅が十分に小さいため，有限長で切り出すことの影響が計算誤差以下になることが原因である。具体的に求めると，128 サンプルの振幅のデシベル値は 20*log10(h(end)) から約 −764.6 dB となる。先頭の振幅が 1 であり 0 dB であることを考えると，十分に小さい値になることがわかる。IIR フィルタは，このようにインパルス応答の振幅が十分に小さい値に減衰している場合には，数式で求めた結果とほぼ同一のスペクトルを計算することが可能である。

6.3.4 フィルタの接続

フィルタ処理の演算は，FIR フィルタでも IIR フィルタでも，インパルス応答の畳み込みにより実施される。これは，二つのフィルタを畳み込む場合に，順序の入れ替えや二つのフィルタを畳み込み一つのフィルタへ統合しても同一の結果が得られることを意味する。図 **6.10** は，入力信号 $x[n]$ を二つのフィルタ

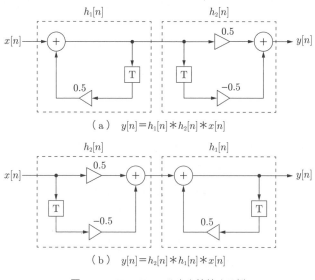

（a） $y[n] = h_1[n] * h_2[n] * x[n]$

（b） $y[n] = h_2[n] * h_1[n] * x[n]$

図 **6.10**　二つのフィルタを接続する例

$h_1[n]$ と $h_2[n]$ により処理し $y[n]$ として出力する例を示している。順序を入れ替えても性能は同一であり，これは畳み込み定理からも容易に導くことが可能である。具体的に，時間軸上の畳み込みが周波数軸上の積になることから

$$y[n] = h_1[n] * h_2[n] * x[n] \tag{6.18}$$

$$Y[k] = H_1[k]H_2[k]X[k] \tag{6.19}$$

であることが導かれる。どちらのフィルタもスペクトルの積で処理されることから，順序を入れ替えてもよく，先に $h[n] = h_1[n] * h_2[n]$ として $h[n]$ の畳み込み演算でも結果が等しいことは明らかである。

6.4 フィルタの解析

IIR フィルタで注意すべき点を一言でいえば，インパルス応答が**収束**（convergence）するか**発散**（divergence）するかの見極めである。IIR フィルタを設計するためには，インパルス応答が収束するという条件を満たさなければならない。本書における z 変換は，この見極めを差分方程式から実現するための理論として扱う。この解析は知識として説明しているが，本書の以後の理論では用いられない。IIR フィルタを用いた例題も存在しないため，楽をしたい読者はこの節を 6.4.3 項以外読み飛ばしても構わない。

6.4.1 z 変換によるフィルタの安定性解析

収束・発散を調べることは，z 変換によるフィルタの**安定性**（stability）の解析結果と対応する。安定性を解析した結果，インパルス応答が収束するフィルタは安定，発散するフィルタは不安定であると表現する。FIR フィルタはつねに安定で発散することがないため，安定性の解析はおもに IIR フィルタが対象である。本書では，差分方程式から求める安定性解析のツールとして z 変換を扱う都合上，以下の説明は限定的であり厳密さには欠いている。

今回は IIR フィルタを解析するため，信号長 N は無限大とする。離散フー

リエ変換の計算では，信号に $e^{-i2\pi kn/N}$ を乗じている。これは，離散時間 n に対して以下のように変形できる。

$$e^{-i2\pi kn/N} = \left(e^{i2\pi k/N}\right)^{-n} \tag{6.20}$$

ここで，k/N の計算において k の範囲は 0 から $N-1$ までであることから，信号長を無限大とすることで右辺の括弧内部は複素平面の単位円上を一周する関数と見なせる。k や N を実数として与える限り，複素平面における単位円上の任意の値にしかならない。乱暴にいえば，この括弧内部を任意の複素数として表現できるように拡張すると，z 変換になる。

$$X(z) = \sum_{n=0}^{\infty} x[n]z^{-n} \tag{6.21}$$

フィルタのインパルス応答には負の時刻に対する応答が存在しないため，以下のように総和記号の範囲を変更しても結果は等しい。

$$X(z) = \sum_{n=-\infty}^{\infty} x[n]z^{-n} \tag{6.22}$$

前者は片側 z 変換，後者は両側 z 変換と呼ばれる。

　幸か不幸か z 変換の数式に信号の振幅値を入力して直接計算することは，差分方程式から求められる IIR フィルタのシステム解析においては必要ない。離散フーリエ変換と同様の性質を持つことに着目し，$x[n]$ の z 変換が $X(z)$，$y[n]$ の z 変換が $Y(z)$ のような対応関係と畳み込み定理，および $x[n-m]$ の z 変換が $z^{-m}X(z)$ となる時間シフトの公式を覚えれば，安定性の解析は可能である。安定性解析のために求めるべきは，フィルタの伝達関数に対応する $H(z)$ である。畳み込み定理が成立するため，時間軸の畳み込みが z 変換後には積となる。

$$y[n] = h[n] * x[n] \tag{6.23}$$

$$Y(z) = H(z)X(z) \tag{6.24}$$

ここから，以下が得られる。

$$H(z) = \frac{Y(z)}{X(z)} \tag{6.25}$$

インパルス応答の説明にもあったように，$X(z)$ を 1 と置いて $Y(z)$ を求めても結果として同じであるが，上記の書式であれば入力に限定されない式となる。

前節で紹介した差分方程式 $y[n] = x[n] + 0.5y[n-1]$ を対象に，安定性の解析を進めてみよう。差分方程式の両辺を z 変換すると，以下が得られる。

$$y[n] = x[n] + 0.5y[n-1] \tag{6.26}$$

$$Y(z) = X(z) + 0.5z^{-1}Y(z) \tag{6.27}$$

求めるべきは $H(z) = Y(z)/X(z)$ なので，この形となるように変形すると以下となる。

$$\frac{Y(z)}{X(z)} = \frac{1}{1 - 0.5z^{-1}} \tag{6.28}$$

この形への式変形が最初のステップであり，続いてこの式に基づいて安定性を解析する。

まずは，$H(z)$ の分母・分子がそれぞれ 0 になる複素数 z の値を求める。ここで，分母が 0 となる複素数のことを**極**（pole）と呼び，分子が 0 となる複素数のことは**ゼロ点**（zero）と呼ぶ。すべての極が単位円の内側に存在するとき，すなわち極となるすべての複素数の振幅が 1 未満の場合，IIR フィルタは安定であり収束する。ゼロ点の位置は，安定性には影響しない。

今回は低次のフィルタゆえに手計算でも計算可能であるが，一般化した差分方程式からの解析は手計算では困難である。伝達関数までは以下のように導ける。

$$y[n] = \sum_{m=0}^{N} b_m x[n-m] - \sum_{m=1}^{M} a_m y[n-m] \tag{6.29}$$

$$Y(z) = \sum_{m=0}^{N} b_m z^{-m} X(z) - \sum_{m=1}^{M} a_m z^{-m} Y(z) \tag{6.30}$$

$$\frac{Y(z)}{X(z)} = \frac{\displaystyle\sum_{m=0}^{N} b_m z^{-m}}{1 + \displaystyle\sum_{m=1}^{M} a_m z^{-m}} \tag{6.31}$$

この式は，分子・分母がそれぞれ N 次，M 次の多項式となることを示している。

6.4.2 不安定なフィルタの例

先ほどの例では，$1 - 0.5z^{-1}$ が 0 になる z が極であり，計算すると z は 0.5 となる。$|z| < 1$ が成立するので，このフィルタは安定である。例えば $y[n] = x[n] + 1.1y[n-1]$ は，過去の値を増幅して加算しているため n の増加に伴い値が無限大に発散していく。このフィルタの極を計算すると $|z|$ が 1.1 となり，安定のための条件を満たしていないことがわかる。なお，分母の極と分子のゼロ点が同じ複素数の場合は約分して両方とも消えることになるため，計算の際には事前に約分を済ませる必要がある。

もう一つの注意点は，不安定なフィルタでも，伝達関数に基づく振幅スペクトルそのものは計算できることにある。$y[n] = x[n] + 1.1y[n-1]$ から求めた伝達関数 $H(z)$ は

$$H(z) = \frac{1}{1 - 1.1z^{-1}} \tag{6.32}$$

であるため，z を離散フーリエ変換の exp 項に置き換えることで振幅スペクトルの計算は可能である。ただしインパルス応答は発散するため，インパルス応答から振幅スペクトルを求めることは不可能となる。

IIR フィルタの安定性について，収束と発散という用語を用いたが，例外的に極の振幅が 1 の場合は収束も発散もせず振動する不安定なフィルタとなる。安定性については，フィルタのインパルス応答に対する安定性の条件

$$\sum_{n=-\infty}^{\infty} |h[n]| < \infty \tag{6.33}$$

を満たしているかどうかからも判断が可能である。なお，すべての極が単位円の内側に存在する場合，上記の条件は必ず満足する。

6.4.3 フィルタの因果性

フィルタ設計においてもう一つ重要な要素が，フィルタの**因果性** (causality) である。因果性の問題は，**図 6.11** の例でイメージをつかめるだろう。インパルス応答であるため，入力は時刻 0 でのみ 1 の振幅を有する単位インパルス関

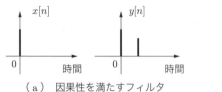
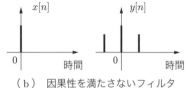

（a）　因果性を満たすフィルタ　　　　　　（b）　因果性を満たさないフィルタ

図 6.11　因果性を満たすフィルタと満たさない
　　　　　　フィルタのイメージ

数である一方，図 (b) のように因果性を満たさないインパルス応答は，時刻 0
よりも過去に振幅を有する。負の時刻に振幅値を持つインパルス応答を作るに
は，時刻 0 で単位インパルス関数が到来することを，それよりも手前で知って
いなければならない。このようなフィルタは非因果的であるといい，実現する
ことは当然不可能である。

　非因果的なフィルタを設計してしまうおもな原因は，フィルタの伝達関数を
先に求め，その後インパルス応答を算出する手順で設計することである。低域
通過フィルタの設計を考えると，インパルス応答から特性を予測することは困
難である。先にカットオフ周波数等のパラメータを設定し，スペクトルから算
出するほうがイメージしやすい。特定の帯域の通過・減衰のみを考慮する場合，
振幅スペクトルを設計することは容易であるが，ここから因果性を満たす位相
を予想することは困難である。振幅と位相の設計が適切になされない場合，伝
達関数は条件を満たしつつも非因果的なインパルス応答を持つフィルタとなる。

6.5　窓関数法によるフィルタの設計

　低域通過フィルタなどの伝統的なフィルタについては，すでに複数の設計法
が確立している。本書では，どのような特性のフィルタに対しても，ある程度の
精度で設計可能な窓関数法についてのみ説明する。窓関数法はおもに FIR フィ
ルタを設計する方法であるため，フィルタの安定性の問題は生じないが，因果
性を満たすための工夫が必要である。

6.5.1 振幅スペクトルの設計

振幅スペクトルに基づいて FIR フィルタを設計するため，初めに FFT 長 N を与える必要がある。振幅値は標本化周波数 f_s に対し f_s/N〔Hz〕ごとにしか与えることができないため，周波数分解能を勘案して N を定めなければならないが，最終的なフィルタ長は N より短い値に設定可能である。標本化周波数 f_s が 44100 Hz で FFT 長 N が 128 の場合，先頭が 0 Hz であるがつぎの離散周波数番号に相当する周波数は 44100/128 で約 344.5 Hz となる。これではカットオフ周波数に設定できる値が離散的すぎるため，任意の周波数にカットオフ周波数を設定したい場合では，N は十分に大きな数字に設定する必要がある。与えたいカットオフ周波数と実際の値との誤差を 1 Hz 以下にしたい場合，f_s/N における N は少なくとも f_s 以上に設定する必要がある。ただし，これは任意の特性を与えたい場合の考え方であり，低域通過フィルタの設計であればカットオフ周波数を精密に与える別のアプローチが存在する。このアプローチについては，7 章で紹介する。

例題として，カットオフ周波数を 100 Hz に設定した低域通過フィルタを設計する。まず，振幅スペクトルを以下の手順で設計する。

```
>> fs=44100;
>> fft_size=65536;
>> fc=100;
>> w=(0:fft_size-1)'*fs/fft_size;
>> fc_index=round(fft_size*fc/fs)+1;
>> amp_spec=ones(fft_size/2+1,1);
>> amp_spec(fc_index+1:end)=0;
```

`fc` はカットオフ周波数で，カットオフ周波数に最も近い離散周波数番号を `fc_index` として算出している。`amp_spec` が振幅スペクトルであり，0 Hz からナイキスト周波数までの要素数を確保している。**ones 関数**は zeros 関数と類似しており，配列の要素を 1 で初期化した配列を生成する機能を持つ。上記プログラムの最後の行で，カットオフ周波数より高い周波数の振幅値を 0 に設定している。

6.5.2 インパルス応答の計算

　スペクトルから時間軸の信号を計算するためには，位相を与えることと，ナイキスト周波数より高い周波数成分も生成することが要求される。今回は，最も簡単に求められる**ゼロ位相**（zero phase）を与えて，インパルス応答を計算する。

```
>> spec=[amp_spec;amp_spec(end-1:-1:2)];
>> impulse_response=fftshift(real(ifft(spec)));
```

ゼロ位相とは，すべての周波数において値が 0 となる位相スペクトルであり，振幅スペクトルがそのまま複素数のスペクトルとなる。上記プログラムの 1 行目は，折り返し成分を生成するための処理である。今回のように，スペクトルが実部しか有さない場合は問題ないが，虚部を有する場合は，conj 関数により折り返し成分を複素共役とする。**ifft 関数**によりスペクトルから時間信号へ変換しているが，ソフトウェアのバージョンによっては極小さな値の虚部が含まれる場合がある。そのため，変換後に real 関数により実部だけ取り出す処理を含めているが，本書のテストで用いた 2020a では省略可能である。

　2 行目で fftshift 関数を利用している理由は，**図 6.12** を見れば理解しやすい。図 (a) では fftshift 関数を使っておらず，結果応答の両端に大きな振幅が観測される。これは，離散フーリエ変換において信号が周期的に繰り返していると仮定することによる影響が顕在化したと解釈できる。図中の時刻としては後半部分ではあるが，これは同時に，負の時刻の応答が繰り返し生じている成分でもあるといえる。これはスペクトルの折り返しと同様の現象であり，ゼロ位相から求めたインパルス応答についても生じる。図 (a) の応答を時間領域で畳み込むことは，仮に低域通過フィルタとしての役割は果たしたとしても，0 から離れた時刻に大きな振幅があるため，音色の大幅な劣化に繋がることは想像できるだろう。図 (b) では fftshfit 関数による処理で FFT 長の半分程度遅延が生じる一方，音色が劣化する問題を緩和することが可能である。

　信号全体の時間シフトについては，全周波数成分を同じ時刻だけシフトさせていることになるため，群遅延に定数を加算していることと等価である。群遅

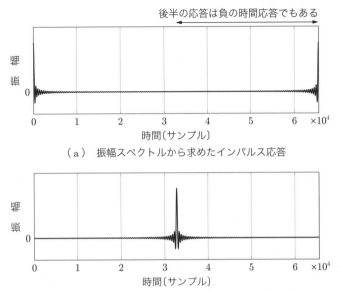

（a） 振幅スペクトルから求めたインパルス応答

（b） 因果性を満たすようシフトしたインパルス応答

図 6.12 振幅スペクトルから求めたインパルス応答と因果性を
満たすようシフトしたインパルス応答の比較

延が位相の周波数微分に相当することから，群遅延に対する定数の加算は，元
の位相に直線位相成分を加算していることになる。今回のスペクトルはゼロ位
相であることから，時間シフトした応答は直線位相を持つ。位相については，
設計法により特別な名称が付けられているものもある。本書では詳説しないが，
フィルタの設計においては，**最小位相**（minimum phase）を与えることで因果
性を満たしたフィルタの設計が可能である。

最小位相は振幅スペクトルから計算される位相であり，フィルタにおけるす
べてのゼロ点と極が単位円の内側に存在するという条件を満たす位相である。
最小位相を与えると，図 6.12 の図 (a) における負の時間に相当する部分の振幅
が 0（厳密には計算誤差により完璧な 0 とはならない）になる。最小位相の計
算そのものは簡単であるが，実際には振幅スペクトルにゼロがある場合は計算
不能になるなど，計算のための条件も存在する。本章の最後に，最小位相を用
いた簡単な例題を紹介する。

6.5.3　振幅特性の検証

　これまで説明した方法で設計されたフィルタのインパルス応答は，設定された離散周波数において目標となる特性を持つ。しかしながら，その他の周波数における振幅値がどのように振る舞うかは明らかではない。FFT 長を伸ばすことで，この振る舞いを確認できる。

　スペクトルの計算において，FFT 長を元の 16 倍にして表示した結果が図 **6.13** である。この図を表示するためのプログラムは以下である。plot 関数で二つの振幅スペクトルを同時に表示しているため，2 行に分割している。MATLAB では "..." を用いることで，つぎの行のプログラムを連結し，一つのコマンドとすることが可能である。

```
>> fft_size2=65536*16;
>> w2=(0:fft_size2-1)'*fs/fft_size2;
>> plot(w,abs(fft(impulse_response)),'ko',...
>>    w2,abs(fft(impulse_response,fft_size2)),'k');
>> set(gca,'xlim',[95 105]);
```

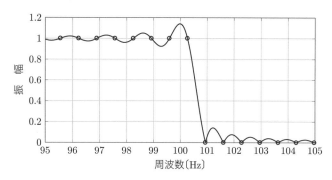

図 **6.13**　FFT 長が 65 536 サンプルで求めた振幅スペクトルの各離散周波数における振幅（丸印）と，FFT 長を 16 倍に設定して求めた振幅スペクトル（実線）

　図からも，FFT 長が 65 536 の場合に存在する周波数では理想的な振幅値が得られているが，FFT 長を増やすことで間の周波数での値が振動していることを確認できる。このような振動のことをリップル（ripple）と呼ぶ。フィルタの

設計では遷移域が存在するため，カットオフ周波数は遷移域と阻止域の完璧な境界とはならない。そのため，通常は振幅が $1/\sqrt{2}$ 倍になる，つまり 3 dB 減衰する周波数のことをカットオフ周波数と定める。今回の例では，約 100.5 Hz がカットオフ周波数となる。

6.5.4 窓関数による処理

impulse_response をフィルタとして利用することは可能であるが，リップルの影響を抑制したい場合は，窓関数による処理が効果的である。現状のフィルタ係数も矩形窓により切り出された結果であるため，窓関数の説明で述べたメインローブとサイドローブの特性がリップルとして観測されている。サイドローブの小さな窓関数によりインパルス応答を切り出すことで，リップルを抑制できる。結果に与える影響は小さいながら注意すべき点として，インパルス応答は原点を軸に偶関数であることが挙げられる。これは，振幅スペクトルが実部しか持たない場合の時間信号であれば，必ず満たす条件である。スペクトルの計算において，信号に cos 波と sin 波を乗じて積分する処理があることはすで説明した。信号が偶関数であれば，sin 波を乗じて積分した結果は 0 となる。これは，虚部がつねに 0 になることを意味するため，スペクトルが実部のみ有することに等しい。

ここまでの説明は，インパルス応答を切り出す窓関数長の決定に影響する。窓関数長が偶数の場合と奇数の場合の差を，**図 6.14** を用いて説明しよう。インパルス応答の時間的なピークが原点で偶関数である場合，窓関数も同様の性質を持つことが望ましい。図 (a) のように窓関数のサンプル数が 5 サンプルであれば，3 サンプルを軸とした偶関数となるが，図 (b) のように 6 サンプルの場合では，3.5 サンプルというディジタル信号処理では扱うことが困難な時刻に平均時間が存在する。したがって，偶数サンプルの窓関数を用いてインパルス応答を切り出す場合，インパルス応答の平均時間に 1 サンプル未満の時間シフトが生じ，偶関数の条件も崩れるためスペクトルに虚部が生じることになる。

本書では，信号長が奇数のインパルス応答として FIR フィルタを設計する。

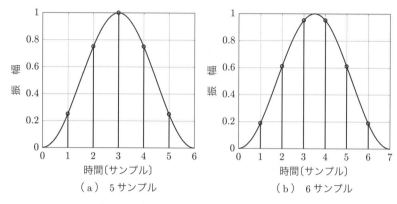

図 **6.14** 窓関数長が 5 サンプルと 6 サンプルの
ハニング窓の波形

以下のプログラムのように，原点に対し ±$N/2$ サンプルの範囲から構成される $N+1$ サンプルが，FIR フィルタの長さとなる。ここでは，5 章で実装した `MyBlackman` 関数を利用している。

```
>> half_N=32767;
>> window_index=(fft_size/2-half_N:fft_size/2+half_N)'+1;
>> h=impulse_response(window_index).*MyBlackman(half_N*2+1);
```

`half_N` が $N/2$ に相当する変数であり，`h` が最終的な FIR フィルタである。FFT 長を 65 536 サンプルに設定しているので，その数字以下で近い奇数である 65 535 サンプルとしている。振幅スペクトルを矩形窓と比較すると**図 6.15** となる。振幅スペクトルから直接求めた場合に生じていたリップルは，ブラックマン窓を利用することでほぼ消えている一方，遷移域が広がっていることも確認できる。これは，窓関数のメインローブの広さとサイドローブの小ささに起因するものである。

このフィルタによりリップルを小さくする効果が実現できる一方，遅延時間には気をつける必要がある。ゼロ位相から FFT 長の半分シフトしているので，長い遅延時間となる。この遅延時間が妥当であるか否かについてはフィルタの用途によるため，この数字だけでフィルタの性能を議論することはできない。`half_N` を小さくすれば遅延は短くなるが，その分遷移域が広がることになるた

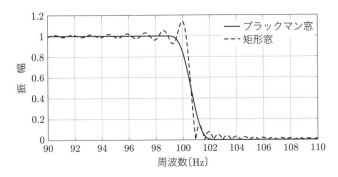

図 **6.15** ブラックマン窓による窓関数法の効果

め，フィルタ設計では解析側が目的に応じて適切なパラメータを設定する能力
が必要である。

6.5.5 最終的な性能の評価

最後に，half_N や切り出す窓関数の種類により性能がどのように変わるかに
ついて紹介する。図 **6.16** は，いくつかの信号長に対して求めた振幅スペクト
ルの比較である。切り出しにはブラックマン窓を用いている。図からも明らか
に，信号長を伸ばすごとに遷移域が狭まる傾向を確認できる。これは，ブラッ
クマン窓の信号長とメインローブの関係がトレードオフにあるという説明に裏
付けられる。窓関数長を長くすることでメインローブが狭くなり，それが遷移
域に影響しているということである。

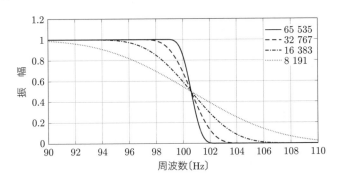

図 **6.16** フィルタの信号長と振幅スペクトルとの関係

つぎに，同じ窓関数長で種類を変えて比較した例を図 **6.17** に示す。こちら
の例では，窓関数長を 65 535 サンプルに固定し，ハニング窓，ハミング窓，ブ
ラックマン窓による差を表示している。窓関数のメインローブの幅が，フィル
タの遷移域の幅におおむね対応している。

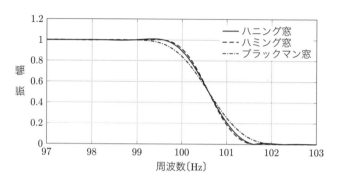

図 **6.17**　窓関数の種類と振幅スペクトルとの関係

　窓関数法は，FIR フィルタの設計法の中でも任意の特性を容易に実装できる
メリットがある。一方，ゼロ位相で設計することによる非因果性を補正するた
め遅延が発生することと，ピークの手前にも振動する成分があるため，フィル
タ処理後の音には劣化が生じやすいという問題が存在する。ピークの手前に存
在する成分は，**プリエコー**（pre-echo）と呼ばれており，音楽をフィルタ処理
して聴く用途などでは，音質劣化として知覚されやすい。ピークを中心として
偶関数となる線形位相のフィルタではプリエコーが避けられないため，この問
題を回避するためには別の位相特性を検討する必要がある。最小位相は，周波
数特性によっては利用できないという扱いにくさはあるが，この問題を緩和で
きる位相である。

6.5.6　最小位相の例題

　最後に，任意の信号を最小位相を持つように変換する関数により，インパル
ス応答の差を確認してみよう。最小位相を有するインパルス応答は，**最小位相
応答**（minimum phase response）と呼ばれる。本書では最小位相の理論的な

説明はせず，プログラムと動作例のみに留める。

　任意のインパルス応答から最小位相応答を求める関数を MinimumPhase.m とし，以下に内容を示す。中身については詳説しないが，重要な点は3行目で振幅の対数を求めているため，振幅が0となるスペクトルは扱えないことである。また，本実装では高速フーリエ変換の利用を前提にしているため，信号長は2のべき乗であることとする。

```
function y=MinimumPhase(x)
x_len_half=length(x)/2-1;
X=real(ifft(log(abs(fft(x(:))))));
w=[1;2*ones(x_len_half,1);1;zeros(x_len_half,1)];
y=real(ifft(exp(fft(w.*X))));
```

この関数を用いて，低域通過フィルタを実装することにする。

　以下が，実装するためのプログラムである。いくつか細かい調整が入っているため，順番に説明する。このプログラムを動作させるには，MyBlackman.m を作業フォルダに配置する必要がある。

```
>> fs=44100;
>> fft_size=65536;
>> fc=100;
>> w=(0:fft_size-1)'*fs/fft_size;
>> fc_index=round(fft_size*fc/fs)+1;
>> amp_spec=ones(fft_size/2+1,1);
>> amp_spec(fc_index+1:end)=0.01;
>> spec=[amp_spec;amp_spec(end-1:-1:2)];
>> impulse_response=fftshift(real(ifft(spec)));
>> impulse_response(1)=0;
>> impulse_response(2:fft_size)=...
>>   impulse_response(2:fft_size).*MyBlackman(fft_size-1);
>> minimum_phase_response=MinimumPhase(impulse_response);
>> plot((0:fft_size-1)'/fs,minimum_phase_response);
```

7行目は，最小位相を計算する際に振幅が0となることを回避するための工夫である。振幅が0.01であることは40dB減衰させる効果となり，振幅を0と

した前述の低域通過フィルタと比較すると性能は落ちることになる。10行目と11行目が，impulse_response を加工するための工夫である。窓関数法でインパルス応答を生成しているため，高速フーリエ変換を利用する都合上，信号長は2のべき乗という偶数に設定される。窓関数長は奇数に設定しないと平均時間に0.5サンプルのズレが生じるため，ここでは先頭の振幅を0とすることで奇数にし，窓関数を乗じることで対応している。

得られた最小位相応答が，図 **6.18** である。最小位相応答は，時刻0付近にパワーが集中しつつ，かつ負の時刻への振幅が生じない特徴がある。因果性を満たしつつフィルタの遅延を抑制できることは，音楽信号などの加工を想定した場合は大きな利点となる。

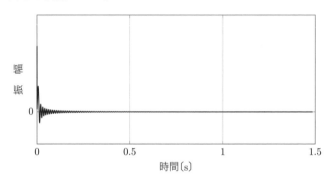

図 **6.18** 窓関数法で生成されたインパルス応答から
算出した最小位相応答

続いて，ゼロ位相と最小位相のスペクトルについて，FFT長を増やすことでどのような振る舞いをしているかも，以下のプログラムで確認しよう。

```
>> fft_size2=65536*16;
>> w2=(0:fft_size2-1)'*fs/fft_size2;
>> plot(w2,abs(fft(impulse_response,fft_size2)),'k',...
>>    w2,abs(fft(minimum_phase_response,fft_size2)),'k--');
>> set(gca,'xlim',[95 105]);
```

図 **6.19** は，このプログラムにより得られる二つの振幅スペクトルである。今回はブラックマン窓により処理しているため，ゼロ位相でのリップルはほぼ観

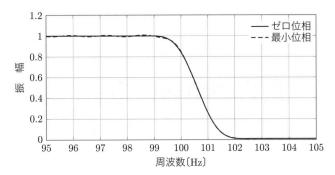

図 6.19 ゼロ位相と最小位相のインパルス応答から
求めた振幅スペクトルの違い

測されない。最小位相の場合では相対的に大きなリップルが観測できることは，
図からも明らかである。最小位相は線形位相ではないためプリエコーを回避で
きるが，リップルの差に加え，フィルタの位相特性においても差が生じること
になる。これらの差が許容されるか否かは用途に依存するため，ここでは差が
生じることだけを覚えておけばよい。

7. 信号の種類に応じた解析法

　本書の最後では，信号の種類や性質に応じて使い分ける解析法のうち，比較的実装が簡単なものをいくつか紹介する。信号にはさまざまな性質があり，特定の性質を持つ信号に対してのみ利用できる解析法や，どのような信号でも利用できる解析法など，そのアプローチは多岐にわたる。重要なことは，解析前に信号がどのような性質を有するかを把握し，適切な解析法を選択する知識を習得することである。ここではプログラムの例題も含めて紹介するので，読者が独自の解析を検討する際の参考にしてほしい。

7.1　間引きによるダウンサンプリング

　ダウンサンプリング（downsampling）そのものは信号解析法というわけではないが，信号解析の前処理として用いられることがある。解析対象となる信号が，高域においてほぼパワーを有さない場合，高域の成分を除去することで計算速度の向上や高域の雑音が解析結果に与える影響の抑制が見込まれる。ダウンサンプリングとは，信号の標本化周波数を減らすことで離散信号のサンプル数を削減する手法である。FFT 長の削減にも繋がるため，計算コストの削減としても有用である。本書では，比較的容易に実装が可能な，標本化周波数を 1/2 倍する機能のみ有するダウンサンプリング方法を紹介する。

7.1.1　単純に間引く場合の問題点

　例えば，標本化周波数が 48 000 Hz の信号をダウンサンプリングにより24 000 Hz にすることを考える。単純に標本化の間隔が倍になるため，1 サンプ

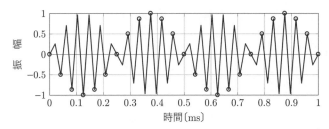

（a） 標本化周波数が 48 000 Hz における 22 000 Hz の正弦波

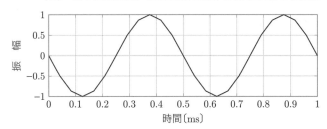

（b） 標本化周波数が 24 000 Hz における 22 000 Hz の正弦波

図 7.1 単純な間引きにより実現したダウンサンプリング

ル飛ばしで振幅値を取り出す（間引く）ことで見かけ上ダウンサンプリングとはなる。しかしながら，これは本来の周波数とは異なる周波数成分と見なされるという問題を無視することになる。**図 7.1** は，標本化周波数が 48 000 Hz において，22 000 Hz の信号を 1 サンプル飛ばしで観測した場合の波形である。上述の問題を無視した結果，図 (b) が示すように，標本化周波数が 48 000 Hz において 22 000 Hz の正弦波を半分に間引いた場合，2 000 Hz の正弦波として観測される。両方の信号を生成するプログラムは以下である。

```
>> fs=48000;
>> f=22000;
>> t=(0:100)'/fs;
>> x=sin(2*pi*f*t);
>> y=x(1:2:end);
>> fs2=24000;
>> t2=(0:length(y)-1)'/fs2;

>> subplot(2,1,1);
```

```
>> plot(t*1000,x,'k',t2*1000,y,'ko');
>> set(gca,'xlim',[0 1]);
>> subplot(2,1,2);
>> plot(t2*1000,y,'k');
>> set(gca,'xlim',[0 1]);
```

fs2 がダウンサンプリング後の標本化周波数で，t2 がダウンサンプリング後の
信号を表示するための時間軸である。

　この問題は，折り返しで説明した内容と同様の性質を有する。標本化周波数
が 48 000 Hz であればナイキスト周波数である 24 000 Hz までの信号を扱える
が，標本化周波数を半分にすることでナイキスト周波数も半分の 12 000 Hz に
なる。正弦波の周波数が 22 000 Hz であるため，ナイキスト周波数に対する折
り返しが 2 000 Hz として観測された結果である。

7.1.2　低域通過フィルタによる高域成分の除去

　ダウンサンプリングを実施する際には，ダウンサンプリング後の標本化周波
数から定まるナイキスト周波数に注意する必要がある。観測信号に元々折り返
しが生じうる帯域の成分が存在しない場合では，単純な間引きでダウンサンプ
リングしても構わない。そうではない場合，間引きする前に低域通過フィルタ
により新たなナイキスト周波数に対して折り返しが生じないよう信号を処理す
る必要がある。低域通過フィルタについては IIR フィルタによる設計法が確立
しているが，本書では対象としない。本書では，6 章で説明した手順による窓関
数法よりも厳密にカットオフ周波数を与えることが可能な方法を紹介する。こ
の方法は，低域通過フィルタのように周波数特性から時間信号が数式で導ける
場合に対して有効である。

　連続信号としてのスペクトルを扱うため，群遅延の説明で用いた連続信号を
対象としたフーリエ変換の式と，その逆変換の式を天下り的に示す。

$$X(\omega) = \int_{-\infty}^{\infty} x(t)e^{-i\omega t}dt \tag{7.1}$$

$$x(t) = \frac{1}{2\pi} \int_{-\infty}^{\infty} X(\omega) e^{i\omega t} d\omega \tag{7.2}$$

ここでは，逆変換の式の説明は割愛する。カットオフ周波数 f_c を境界として低域を 1，高域を 0 とする振幅特性を与え，逆フーリエ変換により時間信号を算出する。なお，時間信号は実部のみを有するという前提条件を満たすため，振幅特性は 0 Hz を軸とした偶関数として与える。

$$X(\omega) = \begin{cases} 1 & \text{if} \quad |\omega| < 2\pi f_c \\ 0 & \text{otherwise} \end{cases} \tag{7.3}$$

このスペクトルを逆フーリエ変換することで，時間信号を算出する。標本化周波数を半分にするという条件であれば，f_c はナイキスト周波数の半分に設定することになる。任意の標本化周波数で利用可能にするためには，標本化周波数を 1 に正規化し，その 1/4 である 0.25 をカットオフ周波数として計算する。ただし，今回の定義式では角周波数で計算しているため，積分範囲は 2π を乗じた $\pm 0.5\pi$ となる。

$$\begin{aligned} x(t) &= \frac{1}{2\pi} \int_{-0.5\pi}^{0.5\pi} e^{i\omega t} d\omega \\ &= \frac{1}{i2\pi t} \left[e^{i\omega t} \right]_{-0.5\pi}^{0.5\pi} \\ &= \frac{1}{i2\pi t} \left(e^{i0.5\pi t} - e^{-i0.5\pi t} \right) \\ &= \frac{1}{\pi t} \sin(0.5\pi t) \\ &= \frac{\text{sinc}(0.5\pi t)}{2} \end{aligned} \tag{7.4}$$

これは連続信号で与えられているため，離散化することで FIR フィルタの係数となるインパルス応答を計算可能である。

インパルス応答の信号長を MATLAB の間引きによるダウンサンプリング（decimate 関数）で利用される 31 サンプルとして計算すると，以下のプログラムとなる。MyHamming 関数を用いているので，作業フォルダに MyHamming.m を置いておく必要がある。

```
>> n=(-15:15)';
>> h=sin(0.5*pi*n)./(0.5*pi*n)/2;
>> h(16)=0.5;
>> h=h.*MyHamming(31);
>> h=h/sum(h);
```

MATLAB には sinc 関数も実装されているが，decimate 関数や sinc 関数の利用には Signal Processing Toolbox が必要となるため，ここでは用いない。h(16) は，sinc(0) が 1 になることからその半分の 0.5 となる。窓関数法のメリットを享受するため，ハミング窓を乗じることでインパルス応答を得る。最後の行では，通過域の振幅を 1 にするための補正を実施している。

振幅補正については，若干の補足が必要である。sinc 関数 $\sin(t)/t$ の広義積分は，以下であることが知られている。

$$\int_{-\infty}^{\infty} \frac{\sin t}{t} dt = \pi \tag{7.5}$$

ここから，t を $0.5\pi t$ と置換し振幅を半分としたインパルス応答の広義積分は

$$\frac{1}{2} \int_{-\infty}^{\infty} \frac{\sin 0.5\pi t}{0.5\pi t} dt = 1 \tag{7.6}$$

となる。今回はインパルス応答を有限の長さで打ち切っているため，sum(h) が 1 とはならず，ずれが生じる。振幅補正は，このずれを修正するために実施されている。

7.1.3　時間軸の補正

ダウンサンプリングは，得られた低域通過フィルタで入力信号を処理し，間引くことで処理が完了するほど簡単ではない。設計した FIR フィルタは，ゼロ位相を時間シフトしたため直線位相であり，これは全周波数に対して均一な遅延が存在することを意味する。加えて，信号の開始・終了時刻周辺に大きなパワーが存在する場合には誤差が生じやすいため，この誤差を抑制するための処理も求められる。

フィルタそのものの遅延については，フィルタの振幅がピークとなる時刻が

原点となるようシフトするだけで補正可能である。問題は，後者に起因する誤差をどのように抑制するかである。この誤差を可視化するため，少し極端ではあるが以下を例題としよう。

```
>> x=(-50:50)';
>> fft_size=2^ceil(log2(length(x)+30));
>> spec_x=fft(x,fft_size);
>> spec_h=fft(h,fft_size);
>> y=real(ifft(spec_x.*spec_h));
```

入力を -50 から 50 まで線形に変化させることで，開始・終了時刻周辺に大きなパワーが存在するようにしている。この信号と低域通過フィルタを畳み込んだ結果を $y[n]$ とする。図 **7.2** は，一連の処理による信号の変化を観測したものである。図 (b) の信号はフィルタの遅延の影響を受けており，それを補正することで図 (c) の信号が得られる。しかしながら，振幅の急峻な変化による影響が，信号の開始・終了時刻に生じている。

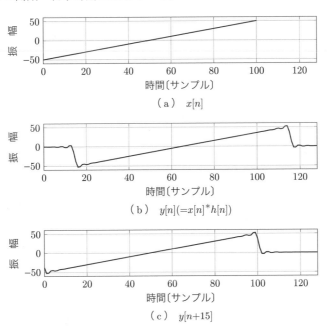

図 **7.2** 前処理として実施した低域通過フィルタの影響

　この問題を解決する比較的簡単な方法としては，振幅差を抑制するため開始・終了時刻の振幅値を延長する方法が挙げられる。今回であれば，入力信号に対して 15 サンプル分延長するための信号を接続する処理となる。

```
>> xx=[ones(15,1)*x(1);x;ones(15,1)*x(end)];
```

この信号に対して同様にフィルタ処理を行い，今度は延長した分も加味して信号をシフトさせることで処理は完了する。この処理を入れることで得られた結果は図 **7.3** となる。両端を拡大したものを，図 (b) と図 (c) にそれぞれプロットしている。このように，若干の誤差は残っているが，未処理の結果と比べると両端の振幅が入力信号に近づいていることが確認できる。今回のように両端の振幅が大きい場合には必要な処理であるが，初めから 0 に近い場合ではこちらの処理をスキップしても影響はない。あるいは，問題が生じるのは高々両端の 15 サンプルであるため，その区間を除去した後に信号解析を行うと割り切ることも合理的である。

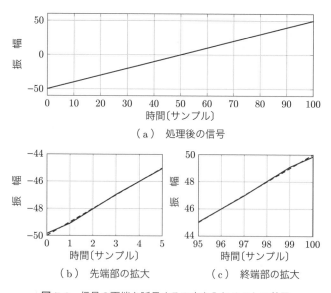

（a）　処理後の信号

（b）　先端部の拡大　　　　　（c）　終端部の拡大

図 **7.3**　信号の両端を延長する工夫を入れることの効果

7.1.4 間引きによる適切なダウンサンプリング

低域通過フィルタでダウンサンプリング後のナイキスト周波数以上の成分を抑制した後であれば，単純な間引きによって最終的な結果が得られる。入力信号 x に対して計算するプログラムを以下に示す。

```
>> xx=[ones(15,1)*x(1);x;ones(15,1)*x(end)];
>> fft_size=2^ceil(log2(length(xx)+30));
>> spec_x=fft(xx,fft_size);
>> spec_h=fft(h,fft_size);
>> y=real(ifft(spec_x.*spec_h));
>> time_index=(1:2:length(x))';
>> y=y(30+time_index);
```

今回は標本化周波数を半分にする例を紹介したが，1/3 や 1/4 にする場合でも同様の手順で行える。48 000 Hz を 44 100 Hz に変換するように，単純な間引きでは実現できない場合の手順も確立しているが，本書では扱わない。

7.2 オクターブバンド分析

スペクトル解析では，信号に含まれる各周波数の振幅・位相を個別に観測できることが大きな利点である。4 章でも説明したが，時間信号から求めるパワーは，パワースペクトルから求めることも可能である。スペクトルからパワーを計算することは，どの周波数にどの程度のパワーが存在するかを算出するという，より詳細な解析に繋がる。オクターブバンド分析は，周波数ごとではなく帯域ごとのパワーを求める解析法である。

7.2.1 オクターブバンド

オクターブ（octave）とは，ある音と別の音との周波数が 2 倍の関係にある音程を意味する。基準を 1 000 Hz とすれば，1 オクターブ低い場合は 500 Hz であり，1 オクターブ高い場合は 2 000 Hz である。1/N オクターブの場合，1 オクターブを N 分割する。音楽では 1 オクターブを 12 分割するため 1/12 オク

ターブであり，これを十二平均律という。音の分析では，1/3 オクターブを対象とした 1/3 オクターブバンド分析が比較的用いられる。

オクターブバンド分析では，設定された中心周波数 f_c に対応する帯域のパワー（オクターブバンドレベル）を計算する。$1/N$ オクターブにおいて，中心周波数と帯域幅の下限 f_l と上限 f_u の関係は，以下で与えられる。

$$f_l = f_c \times 2^{-1/2N} \tag{7.7}$$

$$f_u = f_c \times 2^{1/2N} \tag{7.8}$$

その帯域幅 b_w は以下である。

$$b_w = f_u - f_l \tag{7.9}$$

N が 1 の場合は，図 **7.4** に示すように，1 000 Hz の下限と 1 オクターブ下となる 500 Hz の上限は一致する。隣接する中心周波数から求められる帯域の上限と下限が一致するという性質は，$1/N$ オクターブバンドにおいても同様に成立する。

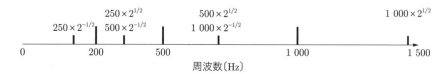

図 **7.4**　中心周波数と対応する上限・下限の周波数の関係

$1/N$ オクターブバンド分析では，N が偶数の場合と奇数の場合とで中心周波数の計算が異なる。奇数の場合は

$$f_c = 1\,000 \times 2^{n/N} \tag{7.10}$$

で与えられ，偶数の場合は

$$f_c = 1\,000 \times 2^{(2n+1)/(2N)} \tag{7.11}$$

で中心周波数が与えられる。ここで n は整数値であり，負の値も許容される。

今回は 2 のべき乗で計算しているが，2 の代わりに $10^{0.3} \fallingdotseq 1.9953$ を用いて計算することもある。分析する帯域は利用者が任意に決めることが可能である一方，上限については，f_u がナイキスト周波数を超えない範囲に限定される。下限については，可聴音の解析を目的とするのであれば，人間が音として知覚できる下限とされる 20 Hz までで十分である。ただし，収録するマイクロフォンがサポートしている周波数帯域にも下限が存在するため，解析帯域の下限はマイクロフォンの仕様も勘案して決定する必要がある。

7.2.2 オクターブバンド分析の実装

帯域ごとのパワーは，入力信号を帯域通過フィルタで処理し，処理後の信号からパワーを算出する方法で求めることが可能である。この方法を用いる場合，フィルタの阻止域や遷移域については，JIS C 1514:2002 で定義される条件を満たすように設計する必要がある。もう一つは，スペクトルから直接各帯域のパワーを計算する方法である。パワースペクトルから各帯域に含まれるパワーを求めることで，フィルタを通して信号のパワーを求めるという手順を省略することが可能である。

スペクトルから各帯域のパワーを求めることも，厳密に実装しようとするといくつかの工夫が必要となる。離散的なスペクトルは離散周波数番号に基づく周波数でのみ値を有するため，すべての f_l や f_u と離散周波数を完全に一致させることは実質的に不可能なためである。一つの方法は，窓関数法でも用いたように，FFT 長を長く設定することで上限・下限周波数の誤差を小さくすることである。この方法であれば，高速フーリエ変換に関するコストは増加するものの，誤差をある程度抑制することができる。本書では，上記とは異なり，ある程度の FFT 長からでもそこそこの精度で計算可能な実装例を紹介する。

はじめに，1/3 オクターブバンド分析を行うプログラムから紹介する。このプログラムでは，独自に実装した MyInterp1 関数を用いるため，プログラムを実行する前に，MyInterp1.m を作成し以下のプログラムを打ち込む必要がある。

```
function yi=MyInterp1(x,y,xi)
delta_x=x(2)-x(1);
xi=max(x(1),min(x(end),xi));
xi_base=floor((xi-x(1))/delta_x);
xi_fraction=(xi-x(1))/delta_x-xi_base;
delta_y=[diff(y);0];
yi=y(xi_base+1)+delta_y(xi_base+1).*xi_fraction;
```

この関数は，MATLAB で線形補間を実現する interp1 関数の機能限定版である。今回の実装では，離散周波数番号の増加に伴う周波数が線形に変化する入力を前提とする。さらに，本関数は入力がすべて縦ベクトルであることを条件に動作するため，汎用性には乏しい。

作業フォルダに MyInterp1.m が存在すれば，以下のプログラムで 1/3 オクターブバンド分析が実施される。

```
>> fs=44100;
>> fft_size=65536;
>> x=zeros(fft_size,1);
>> x(1)=1;
>> range=(-13:12)';
>> fc=1000*2.^(range/3);
>> cumulative_power=cumsum(abs(fft(x,fft_size)).^2);
>> w=(0:fft_size-1)'*fs/fft_size;
>> fl=fc*2^(-1/6);
>> fu=fc*2^(1/6);
>> upper_level=MyInterp1(w,cumulative_power,fu);
>> lower_level=MyInterp1(w,cumulative_power,fl);
>> Ln=10*log10(upper_level-lower_level);
```

このプログラムでは，いくつか工夫している点が存在しているため，順に解説する。まず，中心周波数のリストとなる配列 fc を与えている。これは，1/3 オクターブバンド分析の中心周波数が $1\,000 \times 2^{n/3}$ で与えられる処理である。range はこの n の範囲に対応している。今回の場合，最も低い中心周波数を約 50 Hz，最大を 16 000 Hz に設定している。

cumsum 関数を用いた cumulative_power の計算が，実装のポイントとなる。高い精度で帯域のパワーを計算する際には，図 **7.5** に示すように離散周波数と帯域幅の上限・下限の周波数が一致しない場合の対応が重要である。この場合，線形補間により離散周波数間の周波数の振幅を求めることは可能である。しかしながら，底辺に相当する長さが補間する周波数により変化するため，区分求積法の実装に向けた計算では，この差まで考慮しなければならない。cumulative_power では，定積分の計算を近似することでこの問題を解決している。cumsum 関数は，離散信号の累積和を計算するための関数であり，これはおおむね積分に相当する演算である。cumulative_power をパワースペクトルを関数と見なした信号の積分結果と解釈すれば，定積分の計算と同様に，帯域の上限 fu の値から下限 fl の値を減算することで，オクターブバンドのパワーを算出できる。

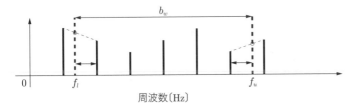

図 **7.5** 離散周波数とオクターブバンド分析で用いる
帯域の上限・下限が一致しない例

lower_level と upper_level は，離散周波数の間の累積和を計算した結果の配列となる。最後の行の減算は，n 番目の中心周波数の f_u と $n+1$ 番目の中心周波数の f_l の値が一致するという性質に基づいて効率よく記述した結果である。これまでの計算のように底辺に相当する係数を乗じていないが，これは，結局これまでと同様に絶対音圧レベルが定められないことに由来する。この係数を乗ずる演算は，入力信号になんらかの係数を乗ずることと結果的に等しく，相対的な差が重要になる分析においては特に意味がないためである。

　このようなプログラムの実装では，結果を手計算で求められる信号を用いると検証が楽である。今回の例題では，入力信号 x が単位インパルス関数である

ため，全周波数でパワーは均一である。$1/N$ オクターブ分析の場合，n 番目の中心周波数の帯域幅は，$n-1$ 番目の中心周波数の $2^{1/N}$ 倍となる。全帯域でのパワーが均一の場合，$n-1$ 番目の中心周波数に対する n 番目の中心周波数のパワーは，以下だけ大きい値となる。

$$10 \log_{10} \left(2^{1/N} \right) = \frac{10}{N} \log_{10} 2 \tag{7.12}$$

具体的に，$1/3$ オクターブバンドであれば約 $1\,\mathrm{dB}$ であり，オクターブバンド分析であれば約 $3\,\mathrm{dB}$ である。中心周波数と各帯域のパワーの関係は，**semilogx 関数**により以下のプログラムで表示可能である。

```
>> semilogx(fc,Ln);
```

オクターブバンドは対数軸上で等間隔であるため，plot 関数ではなく semilogx 関数で表示することにより，右肩上がりの直線として表示される。

7.3 等価騒音レベルの計算

　信号のパワーは物理的な大きさに対応しているため，人間が知覚する大きさとは必ずしも一致しない。物理的な差を論ずる場合はパワーが適している一方，人間の感覚と対応する大きさを計測したい場合は，聴覚的な大きさに対応する特徴量への変換が必要になる。この補正には複数のアプローチが存在し，例えば**騒音レベル**（A-weighted sound pressure level）は幅広く利用されている指標である。音の大きさに対応する感覚量として**ラウドネス**（loudness）が存在し，**等ラウドネスレベル曲線**（equal-loudness-level contour）では，非線形性も含んだ特性が説明されている。ただし，非線形を含む演算では入力信号の絶対音圧が必要となり計算が複雑になるため，本書では線形時不変システムとして比較的容易に計算可能な**等価騒音レベル**（equivalent continuous A-weighted sound pressure level）を，プログラムとともに紹介する。なお，マイクボリュームにより計算機に取り込まれる信号の振幅が変化するため，ここで紹介するものは相対的な等価騒音レベルとなる。

7.3.1 正弦波の周波数と知覚する大きさの関係

パワーは同じであるが周波数の異なる正弦波を再生することで，周波数と大きさの関係を確認することができる。以下は，f〔Hz〕で 1 秒の正弦波を生成するプログラムである。

```
>> fs=44100;
>> f=1000;
>> t=(0:fs)'/fs;
>> x=sin(2*pi*f*t);
```

f にさまざまな値を設定して生成された x を再生し，音の大きさを確認してみよう。1 000 Hz よりも 2 500 Hz のほうが大きく感じられ，15 000 Hz を超えてくると小さく聞こえにくいことが確認できるはずである。読者が再生に用いたスピーカやヘッドホン，イヤホンなどの機器の性能にも影響されるが，上記の傾向はおおむね一致すると思われる。同じパワーであっても知覚する大きさが異なるため，人間の知覚する大きさで信号を評価したい場合に信号のパワーを用いることが適切とは言い難い。

中心周波数と知覚する大きさとの対応関係については，表 7.1 にまとめられている。各中心周波数は ISO 266 に規定されたものであるため，本書で示した定義に基づく数値とは部分的に一致しない。この表は，1/3 オクターブバンド分析で得られたパワーについて，1 000 Hz を基準にして相対的にどの程度異な

表 **7.1** 中心周波数 f_c と A 特性の重みとの関係

f_c〔Hz〕	補正値〔dB〕	f_c〔Hz〕	補正値〔dB〕	f_c〔Hz〕	補正値〔dB〕
12.5	−63.4	160	−13.4	2 000	1.2
16	−56.7	200	−10.9	2 500	1.3
20	−50.5	250	−8.6	3 150	1.2
25	−44.7	315	−6.6	4 000	1.0
31.5	−39.4	400	−4.8	5 000	0.5
40	−34.6	500	−3.2	6 300	−0.1
50	−30.2	630	−1.9	8 000	−1.1
63	−26.2	800	−0.8	10 000	−2.5
80	−22.5	1 000	−0.0	12 500	−4.3
100	−19.1	1 250	0.6	16 000	−6.6
125	−16.1	1 600	1.0	20 000	−9.3

る大きさに知覚するかをまとめたものである。この重み特性のことを **A 特性**（A-weight）と呼び，これは JIS C 1502-1990 で定められたものである。同じ音圧を持つ 1 000 Hz の正弦波に対し，値が負であれば相対的に小さく，正であれば相対的に大きく知覚されることを示す。2 500 Hz の補正値は 1.3 dB であり，これは先ほど示したように 1 000 Hz と 2 500 Hz の正弦波の大きさを比較すると，後者のほうが大きく聴こえることを示している。

　人間が知覚する大きさを厳密に計算する場合は，等ラウドネスレベル曲線に基づく非線形性も加味する必要がある。非線形性を厳密に計算せずとも，大局的には 2 500 Hz 付近を上限に非可聴域に向かって値が減衰するという特性は共通する。そのため，等価騒音レベルであれば，絶対音圧がわからない信号を対象にする場合でもパワーよりは良好な近似を与える。

7.3.2　等価騒音レベルの計算法

　騒音レベルと等価騒音レベルは別の指標であり，ここで説明するのは等価騒音レベルの計算法である。連続信号を対象とした等価騒音レベル L_{Aeq} は，以下の式により定義されている。

$$L_{Aeq} = 10 \log_{10} \left(\frac{1}{t_2 - t_1} \int_{t_1}^{t_2} \frac{p_A^2(t)}{p_0^2} dt \right) \tag{7.13}$$

これは，絶対的な音圧に対する計算式であるため，プログラムで実装する場合にはいくつかの項を省略できる。p_0 は基準音圧であり，20 µPa という固定値が用いられる。$p_A(t)$ は，A 特性で重み付けられた音の瞬時音圧である。これまで説明したように，計算機に取り込まれた信号の振幅はマイクアンプのボリュームにより変化するため，絶対的な音圧ではない。これは，信号にボリュームに対応する項が乗じられていると解釈できる。t_1 と t_2 は，等価騒音レベルを計算するための区間に相当する。

　同じボリュームで収録された複数の信号の相対的な差を議論するだけであれば，A 特性で重み付けされた信号のパワーで十分である。さらに，解析対象となる信号を同じ長さで切り出すことが可能であれば，信号区間に対して平均を

求める項も不要になる。上記を満たす場合，最終的には以下のように式を簡略化することができる。

$$L_{\text{Aeq}} = 10 \log_{10} \left(\int_{t_1}^{t_2} x_{\text{A}}^2(t) dt \right) \tag{7.14}$$

$x_{\text{A}}(t)$ は，観測された音響信号に A 特性で重み付けした信号である。$x_{\text{A}}(t)$ のパワーの計算，すなわち音響信号に A 特性をどのように与えるかが，実装における課題となる。

一つの簡単な方法は，A 特性を近似するためのフィルタを設計して信号を処理するアプローチである。もう一つは，1/3 オクターブバンド分析を利用しスペクトル領域で A 特性を与える方法であり，本書ではスペクトル領域から求める実装例を紹介する。1/3 オクターブバンド分析では，それぞれの帯域におけるデシベル単位の対数パワーが得られる。得られた結果に対し表 7.1 で求められる補正値を与えることで，N 帯域分の A 特性補正後の対数パワー L_n（n は 1 から N の整数）が求められる。その後，全帯域についてデシベル値から線形の値に戻し，総和を求めてから再度デシベル値を計算することで，近似的な等価騒音レベルが得られる。

$$L_{\text{Aeq}} = 10 \log_{10} \left(\sum_{n=1}^{N} 10^{L_n/10} \right) \tag{7.15}$$

ここで，表 7.1 に示された全帯域を計算する必要はない。任意の範囲を設定し，特定の帯域のパワーを無視しても計算は可能である。

これらの内容を実装する例を以下に示す。1/3 オクターブバンドを計算するため，プログラムは部分的に重複している。

```
>> fs=44100;
>> x=randn(fs,1);
>> fft_size=2^ceil(log2(length(x)));
>> range=(-19:12)';
>> fc=1000*2.^(range/3);
>> cumulative_power=cumsum(abs(fft(x,fft_size)).^2);
>> w=(0:fft_size-1)'*fs/fft_size;
```

```
>> fl=fc*2^(-1/6);
>> fu=fc*2^(1/6);
>> upper_level=MyInterp1(w,cumulative_power,fu);
>> lower_level=MyInterp1(w,cumulative_power,fl);
>> weight=[-63.4;-56.7;-50.5;-44.7;-39.4;-34.6;-30.2;...
>>    -26.2;-22.5;-19.1;-16.1;-13.4;-10.9;-8.6;-6.6;...
>>    -4.8;-3.2;-1.9;-0.8;0;0.6;1.0;1.2;1.3;1.2;1.0;...
>>    0.5;-0.1;-1.1;-2.5;-4.3;-6.6];
>> Ln=10*log10(upper_level-lower_level)+weight;
>> Laeq=10*log10(sum(10.^(Ln/10)));
```

このプログラムでは，ホワイトノイズである信号 x に対して等価騒音レベル Laeq を算出しているが，任意の信号を与えても動作する。weight が A 特性に相当する重みの配列であり，これは規則性がないのですべての値を直接打ち込む必要がある。その後の計算は，数式をそのまま実装している。1 000 Hz と 2 000 Hz の正弦波を与えて計算結果を比較すると，A 特性の重みが反映されていることを確認できるだろう。

7.4　ウェルチ法

　ホワイトノイズから求めたパワースペクトルの性質として，すべての周波数で平坦であるという説明が教科書的になされている。実際にホワイトノイズを生成してパワースペクトルを計算すると，大局的には平坦であるが局所的に見れば大きく変化していることが確認できる。一方，1 秒間のホワイトノイズを異なる乱数で生成して聴き比べると，おおむね同じ音色に知覚される。ここで，ホワイトノイズの音色を人間の聴覚を近似した形で評価したい場合，どの乱数で生成したホワイトノイズからも同様の特徴量を出力できる信号解析法が望ましい。1/3 オクターブバンド分析でもある程度の帯域幅でパワーを求めるため，帯域単位ではパワーのばらつきを抑制できる。ウェルチ法（Welch's method）は，ある程度の長さがあるホワイトノイズのような雑音に対し，ばらつきを緩和し

た大局的なパワースペクトルを求める方法である。

7.4.1　振幅スペクトルのばらつき

ホワイトノイズのパワースペクトルを観測すること自体は，以下のプログラムにより実施できる。

```
>> fs=44100;
>> fft_size=65536;
>> w=(0:fft_size-1)'*fs/fft_size;
>> x=randn(fft_size,1);
>> spec=abs(fft(x)).^2;
>> plot(w,spec);
```

複数回実行して結果を比較すれば明らかに，spec が各周波数について一定にはならず，ばらついていることが確認できるだろう。乱数により信号は変わるものの音色はおおむね等しいものと知覚されるため，ホワイトノイズの音色評価では，パワースペクトルの各周波数でのばらつきを抑制する解析法を用いることで，人間の知覚に近い結果が得られる。

ばらつきを抑制するためのアプローチは，おもにパワースペクトルの平滑化と，時間領域で信号を分割し，得られた複数のパワースペクトルを平均する方法が挙げられる。どちらの場合でも，解析対象となる信号がある程度の時間にわたり持続していることが条件となる。前者については，パワースペクトルを平滑化することで周波数分解能は落ちるが，平滑化の方法を適切に設計することでばらつきの抑制が可能である。後者のアプローチでは，ウェルチ法が確立した方法として用いられている。

7.4.2　ウェルチ法によるパワースペクトル推定

ホワイトノイズのパワースペクトルが理想的に求められていれば，全周波数において均一なパワーを有することになる。つまり，以下のプログラムで求められる，パワースペクトルのばらつきに相当する標準偏差 power_std が 0 になれば理想的である。

```
>> fft_size=1024;
>> x=randn(fft_size,1);
>> x=x/sqrt(sum(x.^2));
>> spec=abs(fft(x)).^2;
>> power_std=std(spec(1:fft_size/2+1));
```

3 行目では信号の二乗和が 1 になるように正規化している。信号長である
fft_size を増加させた場合においても，標準偏差はほぼ同一の値を示す。

ウェルチ法を一言で表現すると，**図 7.6** に示すように，信号を分割してそれ
ぞれについてパワースペクトルを計算しそれらの結果を平均する，というもの
である。図では信号を切り出す長さとシフト量を揃えているが，オーバーラッ
プさせてもよい。また，切り出す際に任意の窓関数を用いることも可能である。

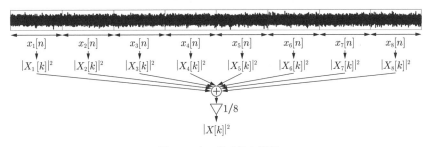

図 **7.6**　ウェルチ法の概要

7.4.3　ウェルチ法の効果

N フレームのパワースペクトルを平均することでどの程度ばらつきが抑えら
れるかについて，計算機シミュレーションで検証してみよう。理論的には標準
偏差が $1/\sqrt{N}$ になるとされている。このようなシミュレーションでは，N と
ばらつきの量との関係を示すグラフを作り検証することになる。

以下は，平均を求めるフレーム数を 1 から N まで増やしていき，それぞれの
フレーム数でパワースペクトルの平均を算出してから標準偏差を得るプログラ
ムである。

```
>> N=100;
>> fft_size=65536;
>> result=zeros(N,1);
>> for i=1:N
>>   tmp_spec=zeros(i,fft_size/2+1);
>>   for j=1:i
>>     power_spec=abs(fft(randn(fft_size,1))).^2;
>>     tmp_spec(j,:)=power_spec(1:fft_size/2+1)/fft_size;
>>   end
>>   spec=mean(tmp_spec,1);
>>   result(i)=std(spec);
>> end
```

このプログラムでは，パワースペクトルを計算するための信号を毎回 randn 関数で生成している。これは，矩形窓を用いて窓関数長とフレームシフトを同じ時間に設定し，長時間の信号の時間周波数解析を行うことと等価である。オーバーラップの影響を計測したい場合は，長時間の信号を最初に生成して短時間の信号を取り出すことになる。tmp_spec が 2 次元配列であるため，mean 関数では，2 番目の引数として平均を求める軸を明示的にしている。1 を指定することで，各列の平均を求めることが可能になる。

計算結果を表示すると**図 7.7** が得られる。フレーム数 N を横軸に，標準偏差を縦軸にしたもので，図 (a) で線形表示，図 (b) で両対数表示としている。今回の検証目標は，フレーム数が 1 に対し N の場合は標準偏差が $1/\sqrt{N}$ になっているかである。以下のプログラムで結果を表示してみよう。

```
>> subplot(2,1,1);
>> plot(1:N,result);
>> subplot(2,1,2);
>> loglog(1:N,result);
```

図 (b) は，横軸・縦軸の両方が対数軸になっていることから**両対数グラフ**（log-log graph）と呼ばれる。MATLAB では **loglog 関数**として実装されている。フレーム数 1 のときの標準偏差が約 1 であることに対し，最大フレーム数であ

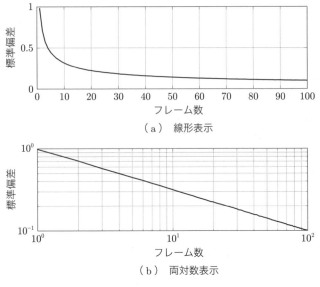

（a）　線形表示

（b）　両対数表示

図 **7.7**　ウェルチ法の効果

る 100 の場合ではほぼ 1/10 になっていることが確認できる。このように，計算機シミュレーションにより，ウェルチ法の特性が正しいことを検証することが可能である。

7.5　周期信号解析に向けた基礎知識

　等価騒音レベルやオクターブバンド分析は，基本的にはどのような信号に対しても計算することが可能である。解析対象となる信号が特有の性質を持っている場合であれば，その性質も有効な特徴量となりうる。ここでは，その性質の一つとして信号が持つ周期性に着目する。

　周期信号は，特定の区間の信号が周期的に繰り返す性質を有する信号である。離散フーリエ変換においては，変換対象として設定された区間において信号が繰り返していると見なすが，周期信号では信号そのものが周期性を有する。ただし，実環境で計測されるため，完全に一致した信号が繰り返すわけではなく，

周期や各区間での振幅には若干の差が生じる。周期信号に対し，特定の周期を持たない信号のことを**非周期信号**（non-periodic signal）として区別する。例えば，ホワイトノイズは非周期信号である。以下では，周期信号の定義と周期信号特有の性質を解析する例を紹介する。

7.5.1　周期信号の定義と構成要素

厳密な周期信号を定義するところから説明する。数式で議論する場合は，連続信号で考えたほうが計算が簡単になるため連続信号で記述する。任意の周期 T_0 秒で繰り返す性質を持つ周期信号は，以下の定義を満たすことになる。

$$y(t) = y(t + nT_0) \tag{7.16}$$

ここで n は任意の整数とする。この際に 0 から T_0 の範囲でのみなんらかの振幅を有する信号を $h(t)$ とすると，以下の式により任意の周期信号を表現できる。

$$y(t) = h(t) * \sum_{n=-\infty}^{\infty} \delta(t - nT_0) \tag{7.17}$$

証明は省略するが，周期が T_0 のパルス列のスペクトルを計算すると，周期が $2\pi/T_0 = 2\pi f_0 = \omega_0$ のパルス列となる。厳密には，計算過程で生じる係数が乗じられるが，相対的な差を論じる場合には無意味なので省略する。畳み込み定理により，スペクトル領域では以下となる。

$$Y(\omega) = H(\omega) \sum_{n=-\infty}^{\infty} \delta(\omega - n\omega_0) \tag{7.18}$$

ここまでの数式のイメージをまとめると**図 7.8**となる。図 (a) に示す単一の単位インパルス関数であれば，図 (c) のようにパワースペクトルは全周波数に対し均一となる。一方，図 (b) のように時間軸上でパルス列と畳み込むことにより，図 (d) のようにパワースペクトルが ω_0 の整数倍の周波数でのみ値を持つパルス列へと変換される。これは，連続信号として与えられるスペクトルを ω_0 の間隔で離散化，すなわち A-D 変換する処理と見なせる。このように，基本周波数の整数倍でのみ値を有するスペクトル構造のことを**調波構造**（harmonic

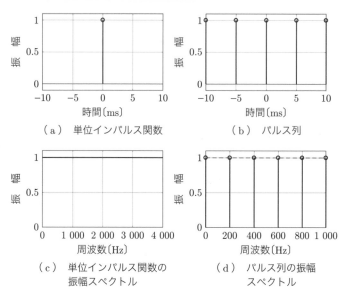

（a）　単位インパルス関数　　　　（b）　パルス列

（c）　単位インパルス関数の　　　　（d）　パルス列の振幅
　　　　　振幅スペクトル　　　　　　　　　　スペクトル

図 7.8　周期信号とスペクトルとの関係

structure）といい，基本周波数の周波数成分を**基音**（fundamental tone），それ以外の周波数成分を**倍音**（overtone）と呼ぶ。倍音のことを**高調波**（harmonic）と表現することもある。

　周期信号特有の性質を説明する特徴量として周期 T_0 と周波数 f_0（角周波数 ω_0）が推定対象となる。ここで，周期 T_0 のことを**基本周期**（fundamental period），その逆数である $1/T_0 = f_0$ のことを**基本周波数**（fundamental frequency）と呼ぶ。ω_0 は基本周波数の角周波数表現である。なお，2015 年から f_0 のことを f_o と表記し，エフオーと発音しようという提言がなされている。2020 年現在では f_0 も f_o も論文により見かけるが，どちらも間違いではないことに注意しよう。

　基本周波数は，音声の高さに相当する特徴量であり，音声分析においても主要な研究対象の一つである。音色に関する解析では，$h(t)$ に関する特徴量も複数提案されている。本書では，基本周波数を推定する方法について簡単なものを紹介し，$h(t)$ の振幅スペクトルである $|H(\omega)|$ を用いた特徴量と算出方法の

実装例を併せて紹介する。

7.5.2 周期信号の生成

　以下の周期信号解析の例題で使うため，初めに周期信号を生成するプログラムを示す。例題では，このプログラムにより生成される周期信号 y を解析対象として利用する。

```
>> rng(10);
>> fs=44100;
>> fft_size=65536;
>> f0=100;
>> T0=round(fs/f0);
>> h=randn(T0,1);
>> x=zeros(fft_size-T0+1,1);
>> for i=1:T0:length(x)
>>    x(i)=1;
>> end
>> spec_x=fft(x,fft_size);
>> spec_h=fft(h,fft_size);
>> y=real(ifft(spec_x.*spec_h));
```

再現性を担保するため，乱数は固定している。一般的に周期信号の周期は時間とともに変化するが，今回はシミュレーションのため固定している。f0 が基本周波数で，T0 が単位をサンプルとした基本周期である。基本周波数は任意に設定可能であるが，T0 を整数にするため round 関数を用いている。そのため，fs/f0 が整数ではない信号の基本周波数は，厳密には 1/T0 となる。x は，基本周期 T0 の間隔でパルスを持つパルス列である。h が1周期分の信号であり，ここでは乱数で与えている。このプログラムで生成した周期信号 y のパワースペクトルは，**図7.9** となる。このパワースペクトルは，信号全体にハニング窓を乗じてから算出している。

　今回は，信号全体に対して高速フーリエ変換を実施しているため周波数分解能が高く，基音や倍音のピークが鋭い。この図は，以下のプログラムのように，

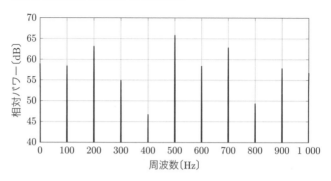

図 **7.9**　生成した周期信号のパワースペクトル

FFT 長を信号長の 16 倍に設定することで，基本周波数の振幅を可能な限り正確に求めるようにしている。

```
>> fft_size2=65536*16;
>> w=(0:fft_size2-1)'*fs/fft_size2;
>> win_y=y.*MyHanning(fft_size);
>> plot(w,20*log10(abs(fft(win_y,fft_size2))));
>> set(gca,'xlim',[0 1000]);
>> set(gca,'ylim',[40 70]);
```

ここでも，独自に実装した MyHanning 関数を用いている。

7.6　基本周波数推定

　基本周波数推定は，入力信号が完璧な周期信号で雑音も含まれず，時間とともに周期が変化しなければ簡単である。推定の難しさは，各周期の信号が微妙に異なること，時間とともに周期が変化することに対する頑健性の確保である。収録環境が劣悪な場合は信号に雑音が混入するため，そのような信号に対しては耐雑音性に優れた方法が求められる。このように，基本周波数推定は多様な条件に対するアプローチが存在するため，すべての信号に対し万能な方法は，現時点では存在しない。

　基本周波数推定法を大別すれば，時間軸上の周期である T_0 を求めるか，周波

数軸上の周期である ω_0 を求めるかのどちらかとなる。本書では，基本周波数を推定する簡単な方法として，信号の**自己相関**（autocorrelation）に着目した方法のみ紹介する。これは，信号の T_0 を求めるための方法である。

7.6.1 自己相関関数の定義

実部のみ有する信号の自己相関関数 $r[n]$ は，以下により与えられる。

$$r[n] = \sum_{m=0}^{N-1} x[m]x[m+n] \tag{7.19}$$

自己相関関数が基本周波数推定に役立つ理由は，周期信号が T_0 の周期で同じ振幅を繰り返すという性質による。$r[n]$ は，n が 0 の場合に最大値を示す。基本周期 T_0 に相当するサンプル数を m とすると $x[n] = x[n+m]$ が成立するため，$r[n]$ は n が m の場合においてもピークを有することになる。理想的には，信号を切り出し自己相関関数を求め，0 を除いてピークとなる m が抽出できればそれが基本周期になる。

自己相関関数の式をそのまま実装すると計算コストが高い一方，**ウィーナー・ヒンチンの定理**（Wiener-Khinchin theorem）により高速フーリエ変換を用いた高速化が可能である。詳細は割愛するが，この定理は，入力信号のパワースペクトルを逆フーリエ変換することで自己相関関数が求められるというものである。本書での実装例でも，この定理を活用する。

7.6.2 解析全体のアルゴリズムとプログラム例

自己相関法（autocorrelation method）による基本周波数推定は，大まかに以下の手順により実施される。

1) 特定の時間幅で信号を切り出す
2) 自己相関関数を算出する
3) 自己相関関数に対する特定範囲のピークを算出する

音声の基本周波数を求める場合では，音声のスペクトルは高域よりも低域のパワーが相対的に大きいため，高域まで含めると精度が低下する要因になりうる。

その場合は，前処理としてダウンサンプリングや低域通過フィルタ処理を行うことで精度の向上が期待される。

今回は，処理のイメージをつかんでもらうため，最低限の機能のみ実装したプログラムを紹介する。まずは，基本周波数推定に必要なパラメータ群を設定する部分である。このプログラムを実行する前に，前節で紹介した周期信号 y を生成するプログラムを実行しておく必要がある。

```
>> win_len_half=floor(0.03*fs/2);
>> win_len=win_len_half*2+1;
>> fft_size=2^ceil(log2(win_len*2));
>> frame_shift=round(0.005*fs);
```

これらのパラメータを図にまとめると図 **7.10** となる。今回は，スペクトル解析を行うわけではないため窓関数は矩形窓としている。T_0 ずらした時刻の自己相関関数のピークを計算するという都合から，窓関数の時間幅は 30 ms としている。短すぎる場合は 1 周期に満たないためピークが検出できず，長すぎる場合は基本周波数の時間変化の影響により，やはりピークの検出が困難になる。基本周波数推定の難しさの一つには，調整すべきパラメータが多く，状況により適切な値も変わるという性質がある。

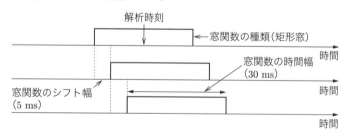

図 **7.10** 基本周波数推定のために設定したパラメータ群

続いて，自己相関関数のピーク検出に関するパラメータ群を以下のプログラムで設定する。

```
>> f0_floor=40;
>> T0_floor=ceil(fs/f0_floor);
>> f0_ceil=800;
```

```
>> T0_ceil=floor(fs/f0_ceil);
>> threshold=0.2;
```

推定誤差の影響を低減するために，基本周波数を検出する範囲を設定する。
f0_floor が下限で f0_ceil が上限である。T0_floor と T0_ceil は，それ
らをサンプル単位の時間に変換した結果である。threshold は，自己相関関数
のピークを検出した際，それらが信頼できるピークであるかを判定するための
閾値となる。自己相関関数 $r[n]$ は n が 0 の際に最大値となるため，最大値が 1
となるよう正規化することで，この閾値は n が 0 のときの値に対する相対的な
値として与えられる。

　以上のパラメータ設定後，分析時間をシフトさせながら基本周波数を推定す
るプログラムが以下である。

```
>> range=(1:frame_shift:length(y))';
>> time_axis=(0:length(y)-1)'/fs;
>> f0_contour=zeros(length(range),1);
>> for i=1:length(range)
>>   index=range(i)-win_len_half:range(i)+win_len_half;
>>   safe_index=max(1,min(index,length(y)));
>>   tmp_y=y(safe_index);
>>   r=real(ifft(abs(fft(tmp_y,fft_size)).^2));
>>   r=r/r(1);
>>   r(1:T0_ceil)=0;
>>   r(T0_floor:end)=0;
>>   [cor,max_index]=max(r);
>>   if cor>threshold
>>     f0_contour(i)=1/time_axis(max_index);
>>   end
>> end
```

ここからは，上記のプログラムについて解説する。

7.6.3 推定プログラムの構成

range が分析するサンプル単位の時刻配列であり，推定結果は f0_contour

に格納される。信頼できるピークが検出できないフレームの基本周波数は 0 と
なる。index は，分析時刻である range(i)±win_len_half の範囲に対応する
時間幅である。負の時刻や信号長よりも大きな時刻を参照しないようにするた
め，safe_index により負の時刻と信号長を超えた時刻とならないよう補正し
た，安全な時間軸を与える。

　続いて，信号を切り出して自己相関関数 r を計算する。r は時刻 0（MATLAB
では配列の 1 番目）で 1 となるよう正規化している。特定のフレームについて
計算された自己相関関数の例を図 **7.11** に示す。0 における相関がピークであ
り，目的とする 10 ms（100 Hz）に相当するピークも観測できる。その一方で，
倍の周期である 20 ms（50 Hz）にも相対的に弱いピークが観測されている。こ
れは，周期信号の性質が T_0 離れた信号と振幅が同じであるだけではなく，$2T_0$
についても同様の性質を有することに起因する。信号によっては，局所的に T_0
のピークより $2T_0$ のピークが強くなることもあり，その結果大きな誤差として
観測されることになる。これは，基本周波数推定を周期信号の周期を求める問
題として扱う限り避けがたい問題である。

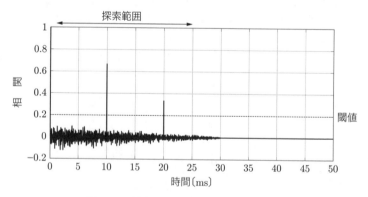

図 **7.11**　基本周期が 10 ms の信号に対する
自己相関関数の例

　自己相関関数の算出後，探索範囲となる範囲以外の値を 0 とする処理を施し
てから最大値と最大値が配列の何番目かを max 関数により算出し，それぞれ
cor と max_index に格納する。相関関数のピークの値 cor が閾値 threshold

以上であれば信頼できるピークであると判定し，ピーク時刻の逆数により基本周波数の推定値を与える。**図7.12** は，今回のプログラムで基本周波数を推定した結果を示す。今回のように，基本周波数が時間に対して不変で基本周期が標本化間隔の整数倍と合致し，さらに雑音もなく各周期の振幅値も完全に一致する場合は，ほぼ正確な推定が可能である。このプログラムにより実音声の基本周波数を推定しても，特に声帯振動が不安定になりやすい開始・終了時刻付近や，基本周波数が急峻に変化する区間では適切な推定は行えない。理想的な条件から外れた場合における頑健性をどのように向上させるかというアルゴリズムの工夫と，設定が可能なパラメータ群の最適化により推定精度を向上させる必要がある。このような検討は，実音声が多数収録された音声データベースに対して推定誤差が最小となるように行われる。

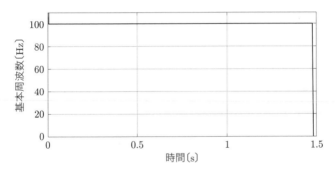

図 **7.12**　基本周波数の推定結果

7.7　調波間の振幅比

　基本周波数は，周期信号の周期に対する解析であり音色の解析ではない。音色を解析するためには，周期信号における1周期分の信号 $h[n]$ のスペクトルを求める必要がある。音声では，この $h[n]$ のおもに振幅スペクトルのことを**スペクトル包絡**（spectral envelope）と呼び解析対象とする。基本周波数が1フレームにつき一つの値として表現されていたことに対し，スペクトル包絡は FFT 長

に依存した多次元の情報を持つ。得られたスペクトル包絡から算出可能な特徴量は，音色という漠然とした情報を扱うためさまざまな視点から定義される。4章で説明したスペクトル重心は，音色の明るさに対応する特徴量とされる。

ここでは，スペクトル重心とは異なる指標を紹介する。周期信号のスペクトルの式を以下に再掲する。

$$Y(\omega) = H(\omega) \sum_{n=-\infty}^{\infty} \delta(\omega - n\omega_0) \tag{7.20}$$

$Y(\omega)$ は $n\omega_0$（n は整数）でのみ値を有する。そのため，いくつかの調波の振幅を算出し，その比率を求めることで特徴量とすることが可能である。心理学分野では

$$\mathrm{amp}_{31} = 20 \log_{10} \left(\frac{|H(3\omega_0)|}{|H(\omega_0)|} \right) \tag{7.21}$$

$$\mathrm{amp}_{42} = 20 \log_{10} \left(\frac{|H(4\omega_0)|}{|H(2\omega_0)|} \right) \tag{7.22}$$

の二つを**調波間振幅比**（確立した専門用語はなく，和名も筆者が訳したものである）という特徴量として解析に用いた事例が報告されている。**図 7.13** は，調波間振幅比のイメージである。調波間の差の大きさだけを議論する場合，計算結果の絶対値を求めればよい。

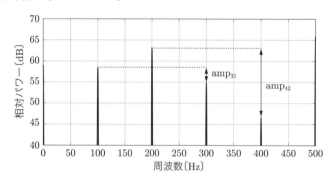

図 7.13　調波間振幅比の定義

調波間振幅比を求めるプログラムの例は以下である。このプログラムも，周期信号 y を生成するプログラムを事前に実行しておく必要がある。

```
>> fft_size2=65536*16;
>> w=(0:fft_size2-1)'*fs/fft_size2;
>> spec_y=abs(fft(y.*MyHanning(length(y)),fft_size2));
>> harmonics=MyInterp1(w,spec_y,(1:4)'*f0);
>> amp42=20*log10(harmonics(4)/harmonics(2));
>> amp31=20*log10(harmonics(3)/harmonics(1));
```

今回は簡単のために，周期信号全体に対してスペクトルを求めたものから算出している。時間とともに特徴は変化するため，基本周波数推定と同様に，短時間の信号から各フレームに対する調波間振幅比を求める使い方が現実的である。基本周波数からその4倍までの振幅を個別に実装した MyInterp1 関数による補間で計算し，比率を求めることで最終的な結果を得る。

7.8 今後の勉強に向けて

本書で扱う範囲を超えるため，以下ではつぎのステップとして学ぶ指針となる特徴量とその性質をいくつか紹介する。読者が信号解析をするにあたり，参考になりそうな特徴量を見つけた場合は，各自で書籍や論文を参考に実装してみていただきたい。例えば，シャープネスは高い音と低い音のバランスに対応する指標である。ラフネスは，聴覚的な「粗さ」に対応する指標であり，これらはすでに定義されたものとして利用することが可能である。

スペクトル包絡に関する特徴量として代表的なものは，フォルマントである。これは，音声分析において，スペクトル包絡に存在する複数のピークのことを指す。低い順に第一フォルマント，第二フォルマントと定義されており，音韻の区別をするために重要な特徴量として知られている。フォルマントを求めるためには，線形予測符号と呼ばれるアルゴリズムを用いることが一般的である。

もし，周期信号に非周期的な雑音が混入しており，この雑音量を知りたい場合は Harmonics-to-Noise Ratio（HNR）が役立つ。あるいは，非周期性指標と呼ばれる指標により，周波数帯域ごとの周期性成分と非周期性成分のパワー

の比率を求めることも可能である。音声では，声帯振動中にも雑音が含まれており，非周期性指標を用いることで，音声合成の品質向上に寄与する。音声以外の解析においても，本来周期的である信号の周期性が損なわれており，その量の差を計測したい場合は上記の指標が役立つことになる。

　信号処理による特徴量では明確な差を検出できないが，人間がその差を知覚できることも起こりうる。その場合，主観評価と有意差検定を組み合わせることで差を議論することが重要となる。主観評価を実施する場合，評価方法をはじめとし，聴かせる音源の数や被験者の人数，聴取環境の設定など事前にさまざまな項目について検討することになる。計算機上での計算でのみ評価が完了する場合と比べて手間はかかるが，信号処理による解析にも限度がある。必要に応じて主観評価を実施する必要が生じるため，主観評価の知識の習得も重要である。

引用・参考文献

　本書を読み進める前の読者の知識量により，読み終わった後の感想は大きく異なるだろう。ここでは，本書を読み終わった後に学ぶ書籍・論文について，読者の感想に基づいていくつか紹介する。自身の感想に近いものを参考にしてほしい。現段階で新品の購入が不可なものも含まれるが，図書館で借りるか中古品で購入するかで対応してほしいお勧めの書籍である。

　初めに紹介するのは，本書が物足りなく，さらに高度な内容に踏み込んで学びたい読者向けの書籍である。和書での信号解析では，L. コーエンの『時間周波数解析』[1] がお勧めである。本書で紹介した平均時間や持続時間などはこの書籍では序盤で紹介されており，さらに高度な理論も多数掲載されている。余談だが「平均時間」という名称はこの書籍と揃えたが，「エネルギー重心」のほうが内容に近いと思われる。A.V. Oppenheim らの『Discrete-Time Signal Processing』[2] もディジタル信号処理のバイブルといえる名著である。洋書であるため読むためのハードルは上がるが，幅広くさまざまな理論を網羅した専門書として紹介する。

1) L. コーエン 著，吉川昭，佐藤俊輔 訳：時間周波数解析，朝倉書店 (1998)

2) A.V. Oppenheim and H. Aihara：Discrete-Time Signal Processing, Prentice Hall (1989)

　音響信号の中でも音声に特化した解析については，僭越ながら筆者が執筆した『音声分析合成』[3] を勧めさせていただく。音響・音声に関する書籍については，広く浅く各分野を概観したい場合は『音響学入門ペディア』[4] が，特定の分野に入門したい場合は日本音響学会が編集しているコロナ社の音響入門シリーズがお勧めである。より高度な内容については，同社の音響サイエンスシリーズ，音響テクノロジーシリーズを検索してみてほしい。学会が編集しているため内容の信頼度は高く，前述の音声分析合成も音響テクノロジーシリーズの書籍である。7 章で紹介した調波間振幅比を用いている論文は，R. Jürgens らによるものである[5]。同論文ではほかにもいろいろな音響特徴量を用いているが，多くの場合実装の詳細までは記載されていないため，論文の内容から実装を試みることになる。

3) 森勢将雅：音声分析合成，コロナ社 (2018)

4 ）　日本音響学会：音響学入門ペディア，コロナ社 (2017)

5 ）　R. Jürgens, K. Hammerschmidt and J. Fischer：Authentic and play-acted vocal emotion expressions reveal acoustic differences, Frontiers in Psychology, Vol. 2, pp. 1–11 (2011)

　　続いて，本書と同程度の難易度の書籍でさらに理解を深めたいと思った読者向きの情報である。金城らの『例題で学ぶディジタル信号処理』[6] は，プログラムの例題がいろいろ掲載されており，本書の執筆でも参考にした書籍である。扱う理論の方向性に差があるため，本書と並行して読むことで知識を補間する効果が期待される。Webの記事であるが，鏡の「やる夫で学ぶディジタル信号処理」[7] は，ディジタル信号処理の基礎的な知識を網羅した大変わかりやすい解説が多数掲載されている。

6 ）　金城繁徳，尾知博：例題で学ぶディジタル信号処理，コロナ社 (1997)

7 ）　鏡慎吾：やる夫で学ぶディジタル信号処理
　　　http://www.ic.is.tohoku.ac.jp/~swk/lecture/yaruodsp/main.html
　　　(2020 年 12 月 16 日閲覧)

　　MATLAB を用いた本書であるが，より高速に動作させるためには C 言語などを用いることが望ましい。C 言語でサウンド処理を学ぶための書籍では，青木による『C 言語ではじめる音のプログラミング』[8] が読みやすくまとめられている。河原の「ディジタル信号処理の落とし穴」[9] は学術誌の解説論文であるが，オープンアクセスでタイトルを検索すれば誰でも閲覧可能なので紹介する。本書においても数式をプログラムで厳密に実装することの難しさを紹介したが，こちらの解説論文でも近いトピックを扱っている。

8 ）　青木直史：C 言語ではじめる音のプログラミング，オーム社 (2008)

9 ）　河原英紀：ディジタル信号処理の落とし穴，日本音響学会誌，Vol. 73, No. 9, pp. 592–599 (2017)

　　最後に，本書でも難易度が高すぎて途中でリタイアしてしまった読者（その場合，ここまでたどり着けない可能性もあるが）にお勧めしたい書籍である。あまりに有名であるが，『フーリエの冒険』[10] はフーリエ変換に関する内容を概観するための有効な書籍である。ただし，本書にもいえることであるが，『フーリエの冒険』や本書で信号解析の感触をつかんだ後に，より専門的な書籍で土台となる知識を補強してほしい。既存のプログラムを使えば理論的な理解は浅くても信号解析は可能であるが，理論を深く理解することはいうまでもなく重要である。MATLAB に関する知識が不足して

いる場合は，MathWorks 社がチュートリアルを提供しているため，そちらに挑戦してみてほしい。「MATLAB 入門」で Web 検索すれば情報が出てくるはずである。

10)　トランスナショナルカレッジオブレックス：フーリエの冒険改訂版，言語交流研究所ヒッポファミリークラブ (2013)

　本書は，大学 1, 2 年までで学ぶ基礎的な微分積分，線形代数に関する解説を習得済みとして省略している。序盤の式展開から読み進めることが困難な場合は，遠回りかもしれないが，一度高校数学に戻って関連知識を補強してから再度読んでみてほしい。具体的には，本書を読むための前提知識として，定積分や広義積分，三角関数に関する基礎的な性質が挙げられる。これらについて学ぶことで，本書の理論の大半は証明できるようになるはずである。

索　引

―― 著 者 略 歴 ――

2002年　釧路工業高等専門学校情報工学科卒業
2004年　和歌山大学システム工学部デザイン情報学科卒業
2006年　和歌山大学大学院システム工学研究科博士前期課程修了
2008年　和歌山大学大学院システム工学研究科博士後期課程修了（短期修了），博士（工学）
2008年　関西学院大学博士研究員
2009年　立命館大学助教
2013年　山梨大学特任助教
2017年　山梨大学准教授
2019年　明治大学准教授
　　　　現在に至る

ひたすら楽して音響信号解析
―MATLAB で学ぶ基礎理論と実装―
Beginning Acoustic Signal Analysis
— Fundamental Theory and Its Implementation with MATLAB —

© Masanori Morise 2021

2021 年 2 月 12 日　初版第 1 刷発行　　　　　　　　　　★

検印省略

著　者　森　勢　将　雅
発　行　者　株式会社　コ　ロ　ナ　社
代　表　者　牛　来　真　也
印　刷　所　三　美　印　刷　株　式　会　社
製　本　所　有　限　会　社　愛　千　製　本　所

112-0011　東京都文京区千石 4–46–10
発行所　株式会社　コ　ロ　ナ　社
CORONA PUBLISHING CO., LTD.
Tokyo Japan
振替 00140-8-14844 · 電話(03)3941-3131(代)
ホームページ https://www.coronasha.co.jp

ISBN 978-4-339-00939-2　C3055　Printed in Japan　　　　（松岡）

メディア学大系

（各巻A5判）

■監修
（五十音順）

相川清明・飯田　仁（第一期）
相川清明・近藤邦雄（第二期）
大淵康成・柿本正憲（第三期）

音響学講座

(各巻A5判)

■日本音響学会編

音響入門シリーズ

(各巻A5判, CD-ROM付)

■日本音響学会編

(注：Aは音響学にかかわる分野・事象解説の内容，Bは音響学的な方法にかかわる内容です)

定価は本体価格+税です。
定価は変更されることがありますのでご了承下さい。

図書目録進呈◆

音響テクノロジーシリーズ

（各巻A5判，欠番は品切です）

■日本音響学会編

以下続刊

定価は本体価格＋税です。
定価は変更されることがありますのでご了承下さい。

図書目録進呈◆